"十四五"职业教育国家规划教材

工业和信息化精品系列教材
网络技术

无线局域网
应用技术

微课版｜第2版

黄君羡｜编著　正月十六工作室｜组编

NETWORK

人民邮电出版社

北　京

图书在版编目（CIP）数据

无线局域网应用技术：微课版 / 黄君羡编著；正月十六工作室组编. -- 2版. -- 北京：人民邮电出版社，2022.9

工业和信息化精品系列教材. 网络技术

ISBN 978-7-115-59427-3

Ⅰ. ①无… Ⅱ. ①黄… ②正… Ⅲ. ①无线电通信－局域网－教材 Ⅳ. ①TN926

中国版本图书馆CIP数据核字(2022)第096720号

内 容 提 要

本书基于工作过程系统化思路设计，依托于华为网络在高校、酒店、医疗、轨道交通等场景的无线项目案例，详细讲述无线网络项目建设的相关技术。本书共有15个项目，可分为无线网络的基础知识、无线网络的勘测与设计、智能无线网络的部署、无线网络的管理与优化共4个内容模块。

本书包含工程业务实施流程图、工程业务实施工具、场景化项目案例等内容，提供无线网络工程技术学习路径。相比于传统教材而言，本书内容新颖，可操作性强，简明易懂。本书内容涉及华为认证无线局域网工程师（HCIA-WLAN）的知识点和工程业务实施的完整流程。通过学习本书的内容并进行项目实践，读者可有效提升解决实际问题的能力，并积累无线网络的业务实战经验。

本书可作为华为认证无线局域网工程师（HCIA-WLAN）的培训教材，也可作为高等教育本、专科院校网络技术相关专业的课程教材，还可作为相关培训机构的参考用书。

- ◆ 编　　著　黄君羡
　　组　　编　正月十六工作室
　　责任编辑　范博涛
　　责任印制　王　郁　焦志炜
- ◆ 人民邮电出版社出版发行　　北京市丰台区成寿寺路 11 号
　　邮编　100164　电子邮件　315@ptpress.com.cn
　　网址　https://www.ptpress.com.cn
　　三河市祥达印刷包装有限公司印刷
- ◆ 开本：787×1092　1/16
　　印张：15.5　　　　　　　　　2022 年 9 月第 2 版
　　字数：364 千字　　　　　　　2025 年 1 月河北第 7 次印刷

定价：59.80 元

读者服务热线：(010)81055256　印装质量热线：(010)81055316
反盗版热线：(010)81055315
广告经营许可证：京东市监广登字 20170147 号

前　言

党的二十大报告指出，要加快建设网络强国、数字中国。加快数字中国建设，就是要适应我国发展的新历史方位，全面贯彻新发展理念，以信息化培育新动能，用新动能推动新发展，以新发展创造新辉煌，要着力夯实数字中国建设基础，打通数字基础设施大动脉，统筹推进网络基础设施、算力基础设施和应用基础设施等建设与应用，围绕5G、千兆光网、IPv6、数据中心、工业互联网、车联网等领域发展需求和特点，强化分类施策，促进互联互通、共建共享和集约利用。无线局域网作为重要的基础设施，将被广泛应用于智能城市、车联网等领域，实现更加安全和便捷的网络连接。

移动终端已经成为人们生活和工作中的必备工具，无线网络是移动终端非常重要的网络接入方式。全球已进入移动互联时代，超过90%的网民通过无线网络接入互联网，无线网络项目正以超过100%的年增长率持续建设，华为、锐捷、新华三等厂商均设立了无线专项认证体系，无线网络工程师已成为一个细分岗位。

本书围绕无线网络项目建设，针对无线网络地勘、工勘，以及设备安装与调试、管理与优化的工作任务要求，由浅入深地介绍了涵盖教育、医疗、交通等行业的15个典型无线网络项目案例，还原了企业实际项目的业务实施流程。本书将岗位任务所需知识和技能训练碎片化，并植入各项目，读者可通过递进式学习（见图1），掌握相关的知识和技能、无线网络配置与管理的业务实施流程，培养WLAN工程师岗位能力和职业素养。

图1　无线网络技术课程学习导图

本书中的项目源于无线网络工程的典型项目，在每个项目中通过"项目描述""项目规划设计"明确学习目标；通过"项目相关知识"为任务实施做铺垫；参照项目实施流程分解工作任务，通过"项目实践"引导读者学习、训练；通过"项目验证""项目拓展"检验学习成果。项目结构示意如图2所示。

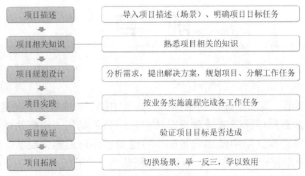

图 2　项目结构示意

在我国提倡新一代信息技术自主创新的时代大背景下，本书结合课程特点，积极培育和践行社会主义核心价值观，彰显我国信息与通信技术（Information and Communications Technology, ICT）产业的先进文化，将家国情怀、科学精神、工匠精神融入其中，融入素质拓展要素（见表 1），形成了"一课一主题"的教学设计理念。

表 1　素质拓展要素

序号	素质拓展教育目标	素质映射与融入点
1	培养自主创新意识和家国情怀	了解我国无线网络的自主创新之路，结合战争时期永不消逝的红色电波精神和国外芯片封锁事件
2	培养民族自豪感和科技报国之心	了解我国无线网络技术及产品研发在国际上的行业地位，例如在新一代无线标准制定中我国引领世界、华为等国产 Wi-Fi 6 无线 AP 产品全球市场占有率领先等
3	培养严谨的科学精神和匠人之心	剖析无线网络助力医院建设等事件，了解无线网络规划的重要意义、规范化业务流程的重要性，养成良好的职业素养
4	树立正确的网络安全观念和法律意识	了解无线网络安全对国家政治和经济发展的影响
5	树立绿色、环保的意识	了解无线网络对环境的影响因素

本书各项目的参考学时如表 2 所示。

表 2　学时分配

内容模块	课程内容	学时
无线网络的基础知识	项目 1　无线网络应用概况	2～3
	项目 2　Ad-hoc 无线对等网络的构建	2～3
	项目 3　微企业无线局域网的组建	2～3
	项目 4　微企业多部门无线局域网的组建	2～3
	项目 5　微企业双 AP 无线局域网的组建	2～3
	项目 6　微企业无线局域网的安全配置	2～3
无线网络的勘测与设计	项目 7　常见无线 AP 产品类型及典型应用场景	2～3
	项目 8　会展中心无线网络的建设评估	2～3
	项目 9　会展中心无线网络的设计与规划	2～3
	项目 10　会展中心无线地勘报告输出	2～3

续表

内容模块	课程内容	学时
智能无线网络的部署	项目 11　会展中心智能无线网络的部署	4～6
	项目 12　酒店智能无线网络的部署	3～4
	项目 13　智能无线网络的安全认证服务部署	3～4
无线网络的管理与优化	项目 14　高可用无线网络的部署	4～6
	项目 15　无线网络的优化测试	4～6
课程考核	综合项目实训/课程考评	4～8
学时总计		42～64

除以上 15 个项目外，本书还以电子资源的形式提供了项目拓展学习，共 6～8 学时，内容包括大型无线网络项目 AP 规划与设计、大型网络项目脚本生成工具的操作指导。

本书由黄君羡编著，正月十六工作室组编。参与本书编写相关工作的单位和个人信息如表 3 所示。

表 3　参与本书编写的单位和个人信息

单位名称	姓名
广东交通职业技术学院	黄君羡、蔡臻、唐浩祥
许昌职业技术学院	赵景
正月十六工作室	欧阳绪彬、蔡宗唐
国育产教融合教育科技（海南）有限公司	卢金莲

在编写本书过程中，编者参阅了大量的网络技术资料和书籍，特别引用了华为技术有限公司和荔峰科技（广州）有限公司的大量项目案例，在此对这些资料的贡献者表示感谢。

由于无线网络技术是当前网络技术发展的热点之一，加之编者水平有限，书中难免有不当之处，望广大读者批评指正。

正月十六工作室
2023 年 7 月

目　录

项目 1

无线网络应用概况 ·· 1

项目 2

Ad-hoc 无线对等网络的构建 ································· 6

项目 3

微企业无线局域网的组建 ··································· 17

项目 4

微企业多部门无线局域网的组建 ····················· 33

项目 5

微企业双 AP 无线局域网的组建 ····················· 44

项目 6

项目 7

项目 8

项目 9

会展中心无线网络的设计与规划 106

项目 10

会展中心无线地勘报告输出 122

项目 11

会展中心智能无线网络的部署 136

项目 12

酒店智能无线网络的部署 ·······162

项目 13

智能无线网络的安全认证服务部署 ·······179

项目 14

高可用无线网络的部署 ·· 198

项目 15

无线网络的优化测试 ·· 225

项目1
无线网络应用概况

项目描述

    某公司的网络管理员小蔡近期接到公司安排的任务，要求对公司周边的无线局域网应用概况进行调研。

    小蔡接到任务后，考虑到手机上带有 Wi-Fi 的功能，他计划在手机上安装 "Wi-Fi 魔盒" 应用程序（App），然后使用手机来进行调研。

项目相关知识

    无线网络技术因其具有可移动、使用方便等优点，越来越受到人们的欢迎。为了能够更好地掌握无线网络技术与相关产品，我们需要先了解相关的基础知识。

1.1　无线网络的概念

    无线网络（Wireless Network）是采用无线通信技术实现的网络。无线网络既包括允许用户建立远距离无线连接的全球语音和数据网络，又包括对近距离无线连接进行优化的红外线技术（Infrared Radiation，IR）和射频（Radio Frequency，RF）技术实现的网络。无线网络与有线网络的用途十分类似，两者最大的不同在于传输媒介——无线网络利用无线信道取代网线。无线网络相比有线网络具有以下特点。

1. 灵活性高

    无线网络使用无线信号通信，网络接入更加灵活，只要在有信号的地方就可以随时随地将网络设备接入网络。

2. 可扩展性强

    无线网络对终端设备接入数量的限制少，可扩展性强。相比于有线网络一个接口对应一台设备，无线路由器允许多个无线终端设备同时接入无线网络，因此在网络规模升级时无线网络优势更加明显。

1.2 无线网络现状与发展趋势

无线网络摆脱了网线的束缚，人们可以在家里、户外、商城等任何一个角落，使用笔记本计算机、平板计算机、手机等移动设备，享受网络带来的便捷。据统计，目前中国网民数量约占全国人口的 70%，而通过无线网络上网的用户超过 90%。无线网络正改变着人们的工作、生活和学习方式，人们对无线网络的依赖越来越强。

我国将加快构建高速、移动、安全的新一代信息基础设施，推进信息网络技术广泛应用，形成万物互联、人机交互的网络空间，在城镇热点公共区域推广免费、高速的无线局域网（Wireless Local Area Network，WLAN）。目前，无线网络在机场、地铁站、客运站等公共交通场所和医疗机构、教育园区、产业园区、商城等公共区域实现了重点城市的全覆盖，下一阶段将实现城镇级别的公共区域全覆盖，无线网络规模将持续增长。

1.3 无线局域网的概念

无线局域网是指以无线信道作为传输媒介的计算机局域网。

计算机无线联网方式是有线联网方式的一种补充，它是在有线联网方式的基础上发展起来的，使联网的计算机具有可移动性，能快速、方便地解决有线联网方式不易实现的网络接入问题。

IEEE 802.11 协议簇是由电气电子工程师学会（Institute of Electrical and Electronics Engineers，IEEE）定义的无线网络通信的标准，无线局域网基于 IEEE 802.11 协议簇工作。

如果询问用户什么是 802.11 无线网络，他们可能会感到迷惑和不解，因为多数人习惯将这项技术称为"Wi-Fi"。Wi-Fi 是一个市场术语，世界各地的人们使用 Wi-Fi 作为 802.11 无线网络的代名词。

1.4 无线局域网的传输技术

无线网络占用频率资源，其起源可以追溯到 20 世纪 70 年代美国夏威夷大学的 ALOHANET 研究项目，然而真正促使其成为 21 世纪初发展最为迅速的技术之一的，则是 1997 年 IEEE 802.11 协议标准的颁布、Wi-Fi 联盟（Wireless Ethernet Compatibility Alliance，WECA）互操作性认证的发展等关键事件。

无线网络技术大多都基于 IEEE 802.11 技术标准。在 802.11n 产品技术应用逐渐成为市场主流应用的当下，基于 Wi-Fi 技术的无线网络不但在带宽、覆盖范围等技术上取得了极大提升，而且已成为市场主流。

目前，无线局域网主要采用 IEEE 802.11 技术标准。为了保持与有线网络同等级的接入速度，目前比较常用的 IEEE 802.11g 协议标准能提供 54Mbit/s 的传输速率，IEEE 802.11n 协议标准则能提供 300Mbit/s 的传输速率，IEEE 802.11ac 协议标准理论上能提供高达 1Gbit/s 的传输速率。

1.5 无线局域网面临的挑战与问题

1. 干扰

无线局域网设备工作在 2.4GHz 和 5GHz 频段，而这两个频段为工业、科学和医疗频带（Industrial Scientific and Medical Band，ISM），且不需授权即可使用，因此同一区域内的无线局域网设备之间会产生干扰。同时，工作在相同频段的其他设备，例如微波炉、蓝牙（Bluetooth）设备、无绳电话、双向寻呼系统等，也会对无线局域网设备的正常工作产生影响。

2. 电磁辐射

无线局域网设备的发射功率应满足安全标准，以减少对人体的伤害。

3. 数据安全性

在无线局域网中，数据在空中传输，需要充分考虑数据传输的安全性，并选择相应的加密方式。现代无线加密算法有弱加密算法、强加密算法等。

📝 项目实践

任务　无线局域网应用概况的调研

🖐️任务描述

本任务要求在手机上安装"Wi-Fi 魔盒"App，使用 App 对周边的无线网络进行测试，并对周边的无线信号进行分析。

🖐️任务操作

（1）在"Wi-Fi 魔盒"官方网站下载并安装"Wi-Fi 魔盒"App。

（2）打开"Wi-Fi 魔盒"App，如图 1-1 所示。

图 1-1　打开"Wi-Fi 魔盒"App

📑 任务验证

切换到"魔盒"界面，可以看到当前连接的无线信号基本信息，包括信号强度（右上角的-42dBm）、信道、速率等，如图1-2所示。

📝 项目验证

（1）在"魔盒"界面单击"看干扰"，进入"看干扰"界面，可以查看当前区域内各信道上无线信号的强度，如图1-3所示。以信道6为例，当前信道上有17个无线信号，其中信号最强的是"to-student_5G"。

（2）在"魔盒"界面单击"找AP"，进入"找AP"界面，可以看到当前区域内所有接入点（Access Point，AP）的基本信息，包括信号强度、信道等信息，如图1-4所示。以第一个AP为例，该AP的信号强度为"-26 dBm"，工作信道为"CH 13"。

图1-2 "魔盒"界面

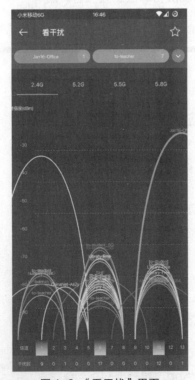

图1-3 "看干扰"界面

图 1-4 "找 AP"界面

📝 项目拓展

（1）无线局域网工作的协议标准是（　　）。

    A．IEEE 802.3　　　　　　　　　B．IEEE 802.4

    C．IEEE 802.11　　　　　　　　　D．IEEE 802.5

（2）无线局域网面临的主要挑战有（　　）。（多选）

    A．数据安全性　　　　　　　　　B．电磁辐射

    C．无线干扰　　　　　　　　　　D．传输速率

（3）以下不属于无线技术的是（　　）。

    A．红外线技术　　B．蓝牙　　　　C．光纤通道　　　　D．IEEE 802.11ac

项目实训题 1

项目2
Ad-hoc无线对等网络的构建

项目描述

　　某天公司的业务员打电话给网络管理员，说自己在与客户谈业务，需要把业务中谈到的资料发送给客户，但是现场没有网络并且没有 U 盘之类的可以用来复制资料的设备，希望网络管理员可以帮忙想办法处理这个问题。

　　网络管理员经过了解知道业务员和客户均带着笔记本计算机，考虑到笔记本计算机通常带有无线网卡，于是网络管理员决定让业务员使用笔记本计算机的无线网卡临时组建 Ad-hoc 无线对等网络，从而实现业务员与客户的资料共享。

项目相关知识

2.1　无线局域网频段

1. 2.4GHz 频段

　　当无线 AP 工作在 2.4GHz 频段的时候，其工作的频率范围（中国）是 2.402~2.4835GHz。在此频率范围内又划分出 13 个信道，每个信道的中心频率相差 5MHz，每个信道可供占用的带宽为 20MHz，各信道频率范围如图 2-1 所示。信道 1 的中心频率为 2.412GHz，信道 6 的中心频率为 2.437GHz，信道 11 的中心频率为 2.462GHz，这 3 个信道理论上是互不干扰的。

2. 5GHz 频段

　　当无线 AP 工作在 5GHz 频段的时候，其工作的频率范围（中国）是 5.1~5.34GHz、5.705~5.835GHz（IEEE 802.11ac 标准支持最高 160MHz 的宽带，此时在 36 信道时，需要将频率范围扩展到 5.1GHz）。在此频率范围内又划分出 13 个信道，各相邻信道的中心频率相差 20MHz，各信道频率范围如图 2-2 所示。

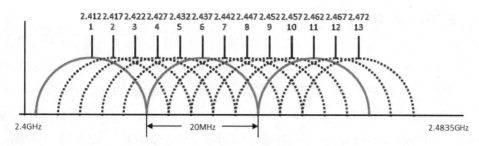

图 2-1　2.4GHz 频段的各信道频率范围

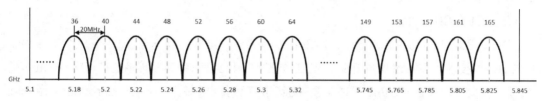

图 2-2　5GHz 频段的各信道频率范围

在 5GHz 频段以 5MHz 为梯度划分信道时，信道编号 n=[信道中心频率（GHz）−5（GHz）]×1000/5。因此，5GHz 频段的信道编号分别为 36、40、44、48、52、56、60、64、149、153、157、161、165。5GHz 频段信道编号与中心频率见表 2-1。

表 2-1　5GHz 频段信道编号与中心频率

信道编号	中心频率/GHz
36	5.18
40	5.20
44	5.22
48	5.24
52	5.26
56	5.28
60	5.30
64	5.32
149	5.745
153	5.765
157	5.785
161	5.805
165	5.825

2.2　无线局域网协议标准

IEEE 802.11 是现今无线局域网通用的协议标准，它包含多个子协议标准，下面介绍常见的几个子协议标准。

1. IEEE 802.11b

IEEE 802.11b 协议标准运作模式分为两种：点对点模式和基本模式。点对点模式是指终端（如无线网卡）和终端之间的通信方式。基本模式是指 AP 和终端之间的通信方式。IEEE 802.11b 可提供扩展的直接序列扩频（Direct Sequence Spread Spectrum，DSSS），用标准的补码键控（Complementary Code Keying，CCK）调制，传输速率为 1Mbit/s、2Mbit/s、5.5Mbit/s 和 11Mbit/s，工作在 2.4GHz 频段，支持 13 个信道，包括 3 个不重叠信道（1、6、11）。

2. IEEE 802.11a

IEEE 802.11a 协议标准是 IEEE 802.11b 协议标准的后续标准。IEEE 802.11a 协议标准的传输技术为多路载波调制技术。它工作在 5GHz 频段，物理层传输速率可达 54Mbit/s，传输层传输速率可达 25Mbit/s，可提供 25Mbit/s 的无线异步传输方式（Asynchronous Transfer Mode，ATM）接口和 10Mbit/s 的以太网无线帧结构接口；支持语音、数据、图像业务；一个扇区可接入多个用户，每个用户可带多个用户终端。

3. IEEE 802.11g

IEEE 802.11 工作组于 2003 年定义了新的物理层协议标准 IEEE 802.11g。与以前的 IEEE 802.11 协议标准相比，IEEE 802.11g 协议标准有以下特点：在 2.4GHz 频段使用正交频分复用（Orthogonal Frequency Division Multiplexing，OFDM）调制技术，使物理层传输速率达到 54Mbit/s，传输层传输速率提高到 20Mbit/s 以上。

4. IEEE 802.11n

IEEE 802.11n 协议标准是在 IEEE 802.11a 协议标准和 IEEE 802.11g 协议标准的基础上发展起来的新协议标准，其最大的特点是提升了传输速率，理论传输速率最高可达 600Mbit/s。IEEE 802.11n 可工作在 2.4GHz 和 5GHz 两个频段，可向下兼容 IEEE 802.11a/b/g。

5. IEEE 802.11ac

IEEE 802.11ac 协议标准是 IEEE 802.11n 协议标准的"继承者"，它采用并扩展了源自 IEEE 802.11n 协议标准的空中接口（Air Interface，AI）概念，具有更宽的射频带宽（提升至 160MHz）、更多的多输入多输出（Multiple-Input Multiple-Output，MIMO）空间流（Spatial Stream）（增加到 8）、多用户的 MIMO，以及更高阶的调制（Modulation），可达到 256QAM（Quadrature Amplitude Modulation，正交振幅调制）。

6. IEEE 802.11ax

IEEE 802.11ax 协议标准，也称为高效无线（High-Efficiency Wireless，HEW）网络标准。它通过一系列系统特性和多种机制增加系统容量，通过更好的一致覆盖和减少空口介质拥塞来改善无线网络的工作方式，使用户获得最佳体验，尤其在用户密集的环境中，其可为更多的用户提供一致且可靠的数据吞吐量，其目标是将用户的平均吞吐量至少提高到原来的 4 倍。也就是说基于 IEEE 802.11ax 协议标准的无线网络意味着出色的高容量和高效率。

IEEE 802.11ax 协议标准在物理层引入了多项变更。然而，它依旧可向下兼容 IEEE 802.11a/b/g/n/ac 协议标准。正因如此，IEEE 802.11ax 终端（Station，简称 STA）能与 IEEE 802.11a/b/g/n/ac 设备进行数据传送和接收，IEEE 802.11a/b/g/n/ac 设备也能解调和译码 IEEE 802.11ax 封包表头（虽然不是整个 IEEE 802.11ax 封包），并在与 IEEE 802.11ax 终端传输期间进行轮询。

IEEE 802.11 协议标准的频段和物理层最大传输速率见表 2-2。

表 2-2　IEEE 802.11 协议标准的频段和物理层最大传输速率

协议标准	兼容性	频段	物理层最大传输速率
IEEE 802.11b	—	2.4GHz	11Mbit/s
IEEE 802.11a	—	5GHz	54Mbit/s
IEEE 802.11g	兼容 IEEE 802.11b	2.4GHz	54Mbit/s
IEEE 802.11n	兼容 IEEE 802.11a/b/g	2.4GHz 或 5GHz	600Mbit/s
IEEE 802.11ac	兼容 IEEE 802.11a/n	5GHz	6.9Gbit/s
IEEE 802.11ax	兼容 IEEE 802.11a/b/g/n/ac	2.4GHz 或 5GHz	9.6Gbit/s

2.3　Ad-hoc 无线对等网络

Ad-hoc 无线对等网络又称为无线移动自组织网络，它由网络中的一台计算机主机建立点对点连接，相当于虚拟 AP，而其他计算机可以直接通过这个点对点连接进行网络互联，最终实现文件共享、相互通信等功能。Ad-hoc 无线对等网络拓扑如图 2-3 所示。

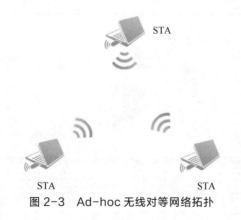

图 2-3　Ad-hoc 无线对等网络拓扑

Ad-hoc 无线对等网络拓扑具有以下特点。

- 网络中所有结点的地位平等，无须设置任何中心控制结点。

- 在点对点模式里，客户机是点对点连接的，在信号可达的范围内，都可以进入其他客户机获取资源，不需要接 AP。

2.4 简单 FTP Server 与 WirelessMon

"简单 FTP Server"软件是一款用于提供文件传输协议（File Transfer Protocol，FTP）服务的软件。该软件使用简单，无须安装，只需要设置"用户""密码""权限""共享目录"等信息。设置完毕后，单击"启动"按钮，FTP 服务即可运行。"简单 FTP Server"软件服务配置界面如图 2-4 所示。

图 2-4 "简单 FTP Server"软件服务配置界面

"WirelessMon Professional"软件是一款无线网络检测工具，允许用户监控 Wi-Fi 适配器（无线网卡）的状态，并实时收集有关附近无线 AP 和热点的信息。该软件可以将其收集的信息记录到文件中，并可全方位进行展示，包括信号强度等信息，软件界面如图 2-5 所示。

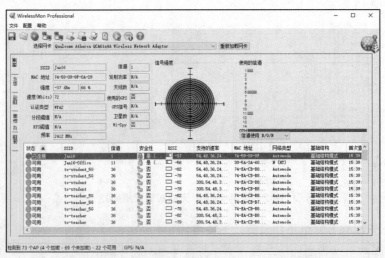

图 2-5 "WirelessMon Professional"软件界面

项目规划设计

项目拓扑

在本项目中，使用两台带有无线网卡的测试主机组建临时 Ad-hoc 无线对等网络，其拓扑如图 2-6 所示。其中 PC1 创建释放热点，PC2 则添加 PC1 释放的热点信息进行关联，关联完成后通过"简单 FTP Server"软件测试是否可以实现点到点的连接和文件共享。

PC1：
192.168.1.1/24

PC2：
192.168.1.2/24

图 2-6　临时 Ad-hoc 无线对等网络拓扑

项目规划

根据图 2-6 进行项目的业务规划，具体的设备互联网协议（Internet Protocol，IP）地址规划和操作系统版本见表 2-3。

表 2-3　IP 地址规划及操作系统版本

设备名称	IP 地址	操作系统版本
PC1	192.168.1.1/24	Windows 10
PC2	192.168.1.2/24	Windows 10

项目实践

任务　Ad-hoc 无线对等网络的配置

Ad-hoc 无线对等
网络的配置

任务描述

将客户与业务员的笔记本计算机启动，正确安装网卡驱动程序，完成基础配置和加密配置，具体涉及以下工作任务。

（1）PC1（业务员笔记本计算机）使用命令提示符窗口创建临时 Ad-hoc 无线对等网络。

（2）PC2（客户笔记本计算机）搜索无线网络信号并连接到临时 Ad-hoc 无线对等网络。

任务操作

1. PC1 使用命令提示符窗口创建临时 Ad-hoc 无线对等网络

（1）在 PC1 桌面的"开始"按钮上单击鼠标右键，在弹出的快捷菜单中选择"命令提示符（管理员）"命令，如图 2-7 所示。

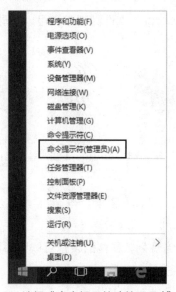

图 2-7　选择"命令提示符（管理员）"命令

（2）打开"管理员：命令提示符"窗口，输入"netsh wlan set hostednetwork mode=allow ssid=Jan16 key=password"命令创建临时 Ad-hoc 无线对等网络，如图 2-8 所示。

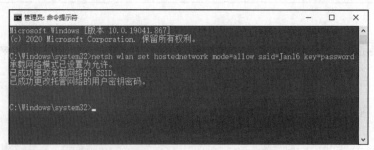

图 2-8　创建临时 Ad-hoc 无线对等网络

（3）在"管理员：命令提示符"窗口输入"netsh wlan start hostednetwork"命令，开启 Ad-hoc 无线对等网络，如图 2-9 所示。

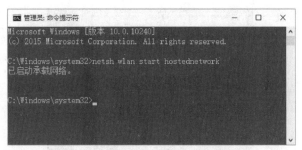

图 2-9　开启 Ad-hoc 无线对等网络

（4）在系统中打开"网络连接"窗口，双击无线网卡对应的本地连接图标，在打开的本地连接的属性对话框中选择"Internet 协议版本 4（TCP/IPv4）"，单击"属性"按钮，打开"Internet 协议版本 4（TCP/IPv4）属性"对话框。在对话框中将 PC1 的 IP 地址设置为192.168.1.1，如图 2-10 所示，单击"确定"按钮，IP 地址设置完毕。

图 2-10　设置 PC1 的 IP 地址

2. PC2 搜索无线网络信号并连接到临时 Ad-hoc 无线对等网络

（1）在 PC2 桌面上单击任务栏通知区域的网络连接按钮，在打开的网络列表中搜索"Jan16"，输入网络安全密钥，如图 2-11 所示。

（2）在系统中打开"网络连接"窗口，双击无线网卡对应的本地连接图标，在打开的"WLAN 属性"对话框中选择"Internet 协议版本 4（TCP/IPv4）"，单击"属性"按钮，打开"Internet 协议版本 4（TCP/IPv4）属性"对话框。在对话框中将 PC2 的 IP 地址设置为 192.168.1.2，如图 2-12 所示，单击"确定"按钮，IP 地址设置完毕。

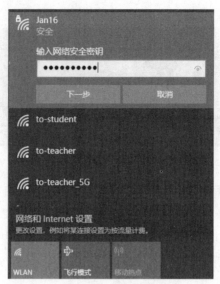

图 2-11 关联 SSID

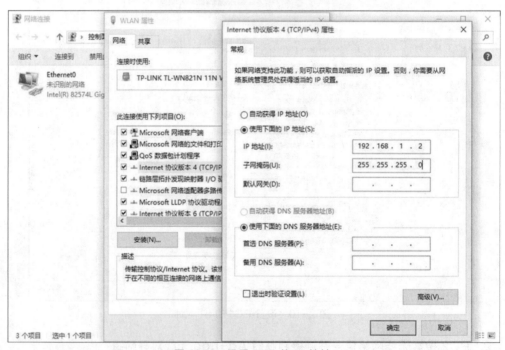

图 2-12 设置 PC2 的 IP 地址

🖑任务验证

在 PC2 上按【Windows+R】组合键，弹出"运行"对话框，在对话框中输入"cmd"，单击"确定"按钮，打开命令提示符窗口，使用"ping 192.168.1.1"命令测试 PC2 与 PC1 的连通性，如图 2-13 所示。

图 2-13　测试 PC2 与 PC1 的连通性

项目验证

项目验证

（1）在 PC1 上安装并打开"简单 FTP Server"软件，在软件服务配置界面中逐项输入"验证身份""权限""其他"等配置信息，如图 2-4 所示。确认无误后单击"启动"按钮即可运行 FTP 服务。

（2）在 PC2"文件资源管理器"窗口地址栏中输入"ftp://192.168.1.1"，按【Enter】键确认后即可进入 PC1 的共享目录，进行文件下载，结果如图 2-14 所示。

图 2-14　进入 PC1 的共享目录

（3）安装并打开"WirelessMon"软件，查看无线网络信号的 SSID（Service Set Identifier，服务集标识符）、频率、信道和信号强度，如图 2-5 所示。

项目拓展

（1）以下协议标准工作在 5GHz 频段的是（　　）。

  A. IEEE 802.11a   B. IEEE 802.11b

  C. IEEE 802.11g   D. 以上都不是

（2）IEEE 802.11b 一定不会被（　　）干扰。

  A. IEEE 802.11a   B. IEEE 802.11g

  C. IEEE 802.11n   D. 蓝牙

（3）国内可以使用 2.4GHz 频段的信道有（　　）个。

  A. 3   B. 5   C. 13   D. 14

（4）国内可以使用 5GHz 频段的信道有（　　）个。

  A. 3   B. 5   C. 13   D. 14

项目实训题 2

项目3
微企业无线局域网的组建

项目描述

　　随着某公司业务的发展以及办公人员数量的增加，越来越多的员工开始携带笔记本计算机进行办公，但是公司原有的网络只进行了有线网络部署，无法满足员工的移动办公需求。鉴于此，公司购买了一台企业级 AP，对公司办公室进行无线网络覆盖，以满足公司 20 余人移动办公网络接入的需求。

项目相关知识

3.1　无线设备的天线类型

1. 全向天线

　　全向天线，即在水平方向信号辐射图上表现为 360° 都均匀辐射，也就是平常所说的无方向性；在垂直方向信号辐射图上表现为有一定宽度的波束，一般情况下波瓣宽度越小，增益越大，如图 3-1 所示。全向天线在移动通信系统中一般应用于郊县大区制的站型，覆盖范围大。

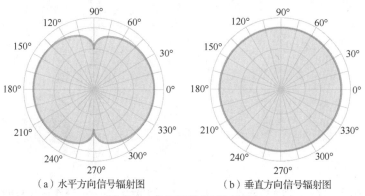

（a）水平方向信号辐射图　　　　　（b）垂直方向信号辐射图

图 3-1　全向天线信号辐射图

2．定向天线

定向天线，在信号辐射图上表现为在一定角度范围内辐射，如图 3-2 所示，也就是平常所说的有方向性。它同全向天线一样，波瓣宽度越小，增益越大。定向天线在通信系统中一般应用于通信距离远、覆盖范围小、目标密度大、频率利用率高的环境。定向天线的主要辐射范围像一个倒立的不太完整的圆锥。

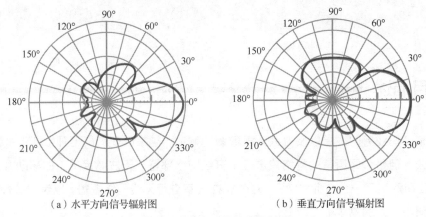

（a）水平方向信号辐射图　　　　　（b）垂直方向信号辐射图

图 3-2　定向天线信号辐射图

3．室内吸顶天线

室内吸顶天线外观如图 3-3 所示，其外观小巧，适合吊顶安装。室内吸顶天线通常是全向天线，其功率较低。

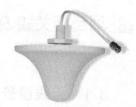

4．室外全向天线

2.4GHz 和 5GHz 室外全向天线外观分别如图 3-4 和图 3-5 所示，参考参数分别见表 3-1 和表 3-2。

图 3-3　室内吸顶天线外观

图 3-4　2.4GHz 室外全向天线外观　　　　图 3-5　5GHz 室外全向天线外观

表 3-1　2.4GHz 室外全向天线参考参数

参数	取值
频率范围	2400～2483MHz
增益	12dBi
垂直面波瓣宽度	7°
驻波比	<1.5
极化方式	垂直
接头型号	N-K
支撑杆直径	40～50mm

表 3-2　5GHz 室外全向天线参考参数

参数	取值
频率范围	5100～5850MHz
增益	12dBi
垂直面波瓣宽度	7°
驻波比	<2.0
极化方式	垂直
接头型号	N-K
支撑杆直径	40～50mm

5. 抛物面天线

　　由抛物面反射器和位于其焦点处的馈源组成的面状天线称为抛物面天线。抛物面天线的主要优势是具有强方向性。它类似于一个探照灯或手电筒的反射器，可向一个特定的方向汇聚无线电波形成狭窄的波束，或从一个特定的方向接收无线电波。5GHz 和 2.4GHz 室外抛物面天线外观分别如图 3-6 和图 3-7 所示，参考参数分别见表 3-3 和表 3-4。

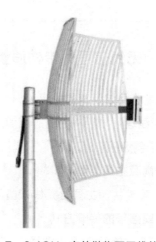

图 3-6　5GHz 室外抛物面天线外观　　　　图 3-7　2.4GHz 室外抛物面天线外观

表 3-3　　5GHz 室外抛物面天线参考参数

参数	取值
频率范围	5725～5850MHz
增益	24dBi
垂直面波瓣宽度	12°
水平面波瓣宽度	9°
前后比	20
驻波比	<1.5
极化方式	垂直
接头型号	N-K
支撑杆直径	40～50mm

表 3-4　　2.4GHz 室外抛物面天线参考参数

参数	取值
频率范围	2400～2483MHz
增益	24dBi
垂直面波瓣宽度	14°
水平面波瓣宽度	10°
前后比	31
驻波比	<1.5
极化方式	垂直
接头型号	N-K
支撑杆直径	40～50mm

3.2　无线信号的传输质量

1. 无线信号与距离的关系

如果无线信号与用户之间的距离越来越远，那么无线信号强度会越来越弱，可以根据用户需求调整无线设备。

2. 干扰源主要类型

无线信号干扰源主要是无线设备间的同频干扰，例如蓝牙设备和无线2.4GHz频段设备。

3. 无线信号的传输方式

AP 的无线信号传输主要通过两种方式，即辐射和传导。AP 无线信号辐射是指 AP

的无线信号通过天线传递到空气中，例如外置天线 AP 的无线信号直接通过 6 根天线传输，如图 3-8 所示。

图 3-8　外置天线 AP

AP 无线信号传导是指无线信号在线缆等介质内进行无线信号传递。在图 3-9 所示的室分系统中，无线 AP 和天线间通过同轴电缆连接，从天线接收的无线信号将通过电缆传导到AP。

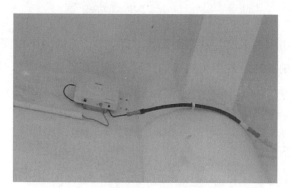

图 3-9　室分系统中的无线 AP 和同轴电缆

3.3　无线局域网的功率单位

在无线局域网中，经常使用的功率单位是 dBm（分贝毫瓦）而不是 W（瓦）或者mW（毫瓦）。

dB（分贝）用于表示一个相对值，是一个纯计数单位。当需要表示功率 A 相比于功率 B 大或者小多少（设为 n，n 以 dB 为单位）时，可以按公式 $n=10\lg(A/B)$ 计算。例如，功率 A 比功率 B 大一倍，那么 $n=10\lg(A/B)=10\lg2 \approx 3$dB。也就是说，功率 A 比功率 B 约大3dB。

dBm 是功率的单位，将以 mW 为单位的功率 P 换算为以 dBm 为单位的功率 x 的计算公式为：$x=10\lg P$。

为什么要用dBm来描述功率呢？原因是dBm能把一个很大或者很小的数比较简短地表

示出来，例如：

P=1000000000000000mW，x=10lg$P$=150dBm

P=0.000000000000001mW，x=10lg$P$=-150dBm

例1：如果发射功率为 1mW，折算后为 10lg1=0dBm。

例2：对于 40W 的功率，折算后为 10lg(40×1000)=10lg(4×10^4)=10lg4+10lg(10^4)=10lg4+40≈46dBm。

3.4　Fat AP 概述

1．AP

AP 是 WLAN 中的重要组成部分，其工作机制类似有线网络中的集线器（Hub）。无线终端可以通过 AP 进行终端之间的数据传输，也可以通过 AP 的广域网（Wide Area Network，WAN）接口与有线网络互通。业界通常将 AP 分为胖 AP（Fat AP）和瘦 AP（Fit AP）。

2．Fat AP

针对小型公司、小型办公室、家庭等无线覆盖场景，Fat AP 仅需要少量的 AP 即可实现无线网络覆盖，目前被广泛使用和熟知的产品就是无线路由器，如图 3-10 所示。

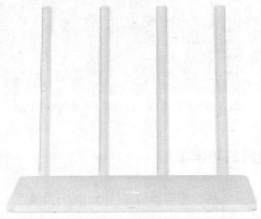

图 3-10　办公室或家庭使用的无线路由器

3．Fat AP 的特点

Fat AP 的特点是将 WLAN 的物理层、用户数据加密、用户认证、服务质量（Quality of Service，QoS）、网络管理、漫游以及其他应用层的功能集成在一起，为用户提供极简的无线接入体验。在项目 3～项目 6 的应用场景中，我们将学习 Fat AP 的配置与管理（如 AP 命名、SSID 配置等）、天线配置（如 2.4GHz 和 5GHz 的工作信道和功率）、安全配置（如黑白名单、用户认证等）。Fat AP 的基本结构如图 3-11 所示。

图 3-11　Fat AP 的基本结构

市场上的大部分 Fat AP 产品都提供极简的用户界面（User Interface，UI），用户只需在浏览器上按向导进行配置，即可实现办公室、家庭等场景的无线网络部署。

4. Fat AP 的网络组建

在无线网络中，AP 通过有线网络接入互联网，每个 AP 都是一个单独的结点，需要独立配置其信道、功率、安全策略等。Fat AP 组网常见的应用场景有家庭无线网络、办公室无线网络等，其典型拓扑如图 3-12 所示。

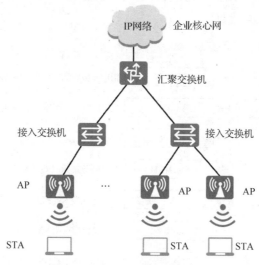

图 3-12　Fat AP 组网典型拓扑

3.5　AP 的配置步骤

AP 的配置主要涉及有线部分和无线部分。

1. 有线部分的配置

（1）创建业务虚拟局域网（Virtual Local Area Network，VLAN），STA 接入 WLAN 后从该 VLAN 关联的动态主机配置协议（Dynamic Host Configuration Protocol，DHCP）地址池中获取 IP 地址。

（2）配置虚拟局域网接口（VLANIF）的 IP 地址，用户可以通过这个 IP 地址对 AP 进行远程管理。

（3）配置 AP 以太网接口（ETH/GE）为上联接口，通过封装相应的 VLAN 使这些 VLAN 中的数据可以通过以太网接口转发到上联设备。

2. 无线部分的配置

（1）创建 SSID 模板（SSID Profile），配置 SSID。用户可以通过搜索 SSID 加入相应的 WLAN 中。

（2）创建安全模板（Security Profile），为 WLAN 接入配置加密。WLAN 加密后，用户需要通过输入预共享密钥才能接入 WLAN。安全模板为选配项，若不进行配置，则为开放式网络。

（3）创建虚拟接入点（Virtual Access Point，VAP）模板（VAP Profile），VAP 模板中指定 STA 的业务 VLAN，并引用 SSID 模板和安全模板的参数。

（4）配置无线局域网广播（WLAN Radio），配置无线局域网编号（WLAN ID）引用 VAP 模板。引用 VAP 模板后，WLAN 开始工作并发射出对应 SSID，用户关联到 SSID 后会通过业务 VLAN 获取 IP 地址。

AP 配置逻辑如图 3-13 所示。

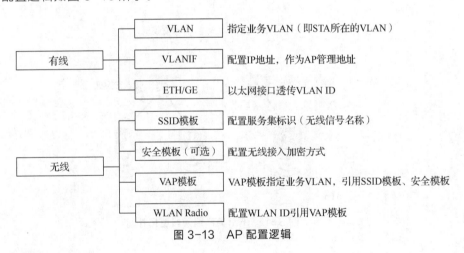

图 3-13　AP 配置逻辑

项目规划设计

项目拓扑

公司原有网络是通过 DHCP 管理客户端 IP 地址的，网关和 DHCP 地址池都放置于交换机中。因 IP 地址需统一管理，公司网络管理员需要将无线用户的网关和 DHCP 地址池配置在交换机上。微企业无线局域网网络拓扑如图 3-14 所示。

图 3-14　微企业无线局域网网络拓扑

项目规划

根据图 3-14 进行项目的业务规划。项目 3 的 VLAN 规划、设备管理规划、端口互联规划、IP 地址规划、VAP 规划、Radio 规划见表 3-5～表 3-10。

表 3-5　项目 3 VLAN 规划

VLAN-ID	VLAN 命名	网段	用途
VLAN 10	USER	192.168.10.0/24	无线用户网段

表 3-6　项目 3 设备管理规划

设备类型	型号	设备命名	用户名	密码
无线接入点	AP4050DN	AP	admin	Huawei@123
交换机	S5700	SW	admin	Huawei@123

表 3-7　项目 3 端口互联规划

本端设备	本端端口	端口配置	对端设备	对端端口
AP	G0/0/0	Access VLAN 10	SW	G0/0/1
SW	G0/0/1	Access VLAN 10	AP	G0/0/0

表 3-8　项目 3 IP 地址规划

设备	接口	IP 地址	用途
SW	VLAN 10	192.168.10.1/24～192.168.10.252/24	通过 DHCP 分配给无线用户
		192.168.10.254/24	无线用户网段网关
AP	VLAN 10	192.168.10.253/24	AP 管理地址

表 3-9　项目 3 VAP 规划

VAP	VLAN	SSID	加密方式	是否广播
VAP1	10	Huawei	无（默认）	是（默认）

表 3-10　项目 3 Radio 规划

AP 名称	WLAN Radio	VAP	WLAN ID	频率与信道	功率
AP	0/0/0	VAP1	1	2.4GHz，1	100%

项目实践

任务 3-1　公司交换机的配置

公司交换机的配置

任务描述

交换机的配置包括远程管理配置、VLAN 和 IP 地址配置、端口配置，以及 DHCP 服务配置。

任务操作

1. 远程管理配置

配置远程登录和管理密码。

```
<Quidway>system-view                               //进入系统视图
[Quidway]sysname SW                                //配置设备名称
[SW]user-interface vty 0 4                         //进入虚拟链路
[SW-ui-vty0-4]protocol inbound telnet              //配置协议为远程登录（telnet）
[SW-ui-vty0-4]authentication-mode aaa              //配置认证模式为身份认证、
                                                   授权和记账协议（Authentication
                                                   Authorization and Accounting,
                                                   AAA）
[SW-ui-vty0-4]quit                                 //退出
[SW]aaa                                            //进入 AAA 视图
[SW-aaa]local-user admin password irreversible-    //创建用户 admin 并配置密
cipher Huawei@123                                      码为 Huawei@123
[SW-aaa]local-user admin service-type telnet       //配置用户类型为 telnet 用户
[SW-aaa]local-user admin privilege level 15        //配置用户等级为 15
[SW-aaa]quit                                        //退出
```

2. VLAN 和 IP 地址配置

创建各部门使用的 VLAN，配置设备的 IP 地址，即用户的网关地址。

```
[SW]vlan 10                                        //创建 VLAN 10
```

```
[SW-vlan10]name USER                        //将 VLAN 命名为 USER
[SW-vlan10]quit                             //退出
[SW]interface Vlanif 10                     //进入 VLANIF 10 接口
[SW-Vlanif10]ip address 192.168.10.254 24   //配置 IP 地址
[SW-Vlanif10]quit                           //退出
```

3. 端口配置

配置与 AP 互联的端口为 Access 模式。

```
[SW]interface GigabitEthernet 0/0/1          //进入 G0/0/1 端口视图
[SW-GigabitEthernet0/0/1]port link-type access  //配置端口链路模式为 Access
[SW-GigabitEthernet0/0/1]port default vlan 10   //配置端口默认 VLAN
[SW-GigabitEthernet0/0/1]quit                //退出
```

4. DHCP 服务配置

开启核心设备的 DHCP 服务功能，创建用户的 DHCP 地址池。

```
[SW]dhcp enable                             //开启 DHCP 服务
[SW]ip pool vlan10                          //创建 VLAN 10 的地址池
[SW-ip-pool-vlan10]network 192.168.10.0 mask 24//配置分配的 IP 地址段
[SW-ip-pool-vlan10]gateway-list 192.168.10.254 //配置分配的网关地址
[SW-ip-pool-vlan10]dns-list 8.8.8.8         //配置分配的域名系统（Domain
                                            Name System，DNS）地址
[SW-ip-pool-vlan10]quit                     //退出
[SW]interface Vlanif 10                     //进入 VLANIF 10 接口
[SW-Vlanif10]dhcp select global             //DHCP 选择全局配置
[SW-Vlanif10]quit                           //退出
```

任务验证

（1）在交换机上使用"display ip interface brief"命令查看交换机的 IP 地址信息，如下所示。

```
<SW>display ip interface brief
*down: administratively down
^down: standby
(l): loopback
(s): spoofing
(E): E-Trunk down
The number of interface that is UP in Physical is 2
```

```
The number of interface that is DOWN in Physical is 2
The number of interface that is UP in Protocol is 2
The number of interface that is DOWN in Protocol is 2


Interface          IP Address/Mask          Physical      Protocol
MEth0/0/1          unassigned               down          down
NULL0              unassigned               up            up(s)
Vlanif10           192.168.10.254/24        up            up
```

可以看到 VLANIF 10 接口已经配置了 IP 地址。

（2）在交换机上使用"display port vlan"命令查看接口的 VLAN 信息，如下所示。

```
<SW>display port vlan
Port                    Link Type      PVID      Trunk VLAN List
------------------------------------------------------------------------

GigabitEthernet0/0/1    access         10        -

GigabitEthernet0/0/2    desirable      1         1-4094

GigabitEthernet0/0/3    desirable      1         1-4094

GigabitEthernet0/0/4    desirable      1         1-4094
```

可以看到 G0/0/1 的链路模式（Link Type）为"access"，并且基于端口的 VLAN ID（Port-Base VLAN ID，PVID）为"10"。

任务 3-2　公司 AP 的配置

公司 AP 的配置

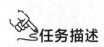任务描述

AP 的配置包括 AP 的工作模式配置、远程管理配置、VLAN 和 IP 地址配置、端口配置、WLAN 配置、天线配置等。

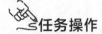任务操作

1. AP 的工作模式配置

配置 AP 的工作模式为 Fat（需要从华为官方网站下载对应 AP 型号的 Fat 版本文件，并搭建好 FTP 站点，具体内容请查看华为的 AP 升级操作指南）。

```
<c4b3-b469-32e0>system-view                  //进入系统视图
[c4b3-b469-32e0]ap-mode-switch fat ftp        //将 AP 模式切换为 Fat 模式
FAT.bin 192.168.10.1 admin admin
```

```
Warning: The system will reboot and start in fat    //弹出切换模式警告，确认切换
mode of V200R007C20SPCh00. Continue? (y/n)[n]:y
```

2. 远程管理配置

配置远程登录和管理密码。

```
<Huawei>system-view                              //进入系统视图
[Huawei]sysname AP                               //配置设备名称
[AP]user-interface vty 0 4                       //进入虚拟链路
[AP-ui-vty0-4]protocol inbound telnet            //配置协议为 telnet
[AP-ui-vty0-4]authentication-mode aaa            //配置认证模式为 AAA
[AP-ui-vty0-4]quit                               //退出
[AP]aaa                                           //进入 AAA 视图
[AP-aaa]local-user admin password                //创建用户 admin 并配置密码
irreversible-cipher Huawei@123                    为 Huawei@123
[AP-aaa]local-user admin service-type telnet     //配置用户类型为 telnet 用户
[AP-aaa]local-user admin privilege level 15      //配置用户等级为 15
[AP-aaa]quit                                      //退出
```

3. VLAN 和 IP 地址配置

创建 VLAN，配置 IP 地址作为设备的管理地址。

```
[AP]vlan 10                                      //创建 VLAN 10
[AP-vlan10]name USER                             //将 VLAN 命名为 USER
[AP-vlan10]quit                                  //退出
[AP]interface Vlanif 10                          //进入 VLANIF 10 接口
[AP-Vlanif10]ip address 192.168.10.253 24        //配置 IP 地址
[AP-Vlanif10]quit                                //退出
[AP]ip route-static 0.0.0.0 0 192.168.10.254     //配置默认路由
```

4. 端口配置

配置与上联交换机互联的以太网物理端口为 Access 模式。

```
[AP]interface GigabitEthernet 0/0/0              //进入 G0/0/0 端口视图
[AP-GigabitEthernet0/0/0]port link-type access   //配置端口链路模式为 Access
[AP-GigabitEthernet0/0/0]port default vlan 10    //配置端口默认 VLAN
[AP-GigabitEthernet0/0/0]quit                    //退出
```

5. WLAN 配置

创建 SSID 配置文件并定义 SSID，创建 VAP 配置文件并关联 SSID 文件。

```
[AP]wlan                                         //进入 WLAN 视图
```

```
[AP-wlan-view]ssid-profile name SSID1            //创建 SSID 配置文件

[AP-wlan-ssid-prof-SSID1]ssid Huawei             //定义 SSID

[AP-wlan-ssid-prof-SSID1]quit                    //退出

[AP-wlan-view]vap-profile name VAP1              //创建 VAP 配置文件

[AP-wlan-vap-prof-VAP1]service-vlan vlan-id 10   //配置 VAP 关联 VLAN

[AP-wlan-vap-prof-VAP1]ssid-profile SSID1        //配置 VAP 关联 SSID 文件

[AP-wlan-vap-prof-VAP1]quit                      //退出到 WLAN 视图

[AP-wlan-view]quit                               //退出到系统视图
```

6. 天线配置

进入无线射频卡接口。

```
[AP]interface Wlan-Radio 0/0/0                   //进入无线射频卡接口 0/0/0

[AP-Wlan-Radio0/0/0] undo vap-profile            //取消 WLAN 1 默认绑定的
default-ssid wlan 1                              VAP 文件

[AP-Wlan-Radio0/0/0]vap-profile VAP1 wlan 1      //WLAN 1 绑定 VAP 文件

[AP-Wlan-Radio0/0/0]quit                         //退出
```

任务验证

在 AP 上使用"display vap ssid VAP1"命令查看 VAP 信息，如下所示。

```
[AP]display vap ssid VAP1

Info: This operation may take a few seconds, please wait.

WID : WLAN ID

--------------------------------------------------------------------------------

AP MAC          RfID WID BSSID          Status  Auth type  STA  SSID

--------------------------------------------------------------------------------

c4b3-b469-32e0 0  1     C4B3-B469-32E1 ON      Open       0    Huawei

--------------------------------------------------------------------------------

Total: 1
```

可以看到已经创建了"Huawei"SSID。

项目验证

项目验证

（1）在 PC1 上查找无线信号"Huawei"并接入，结果如图 3-15 所示。

（2）在 PC1 上按【Windows+X】组合键，在弹出的菜单中选择"Windows PowerShell"

选项，打开"Windows PowerShell"窗口，使用"ipconfig"命令查看获取的 IP 地址信息，结果如图 3-16 所示。

图 3-15 查找无线信号"Huawei"并接入　　　图 3-16　查看获取的 IP 地址信息

（3）在 PC1 上使用"ping 192.168.10.254"命令测试连通性，结果如图 3-17 所示，可以看到已正常连通。

图 3-17　测试连通性

项目拓展

（1）以下信道规划中属于不重叠信道的是（　　）。

A. 1　6　11　　　　　　　　　B. 1　6　10

C. 2　6　10　　　　　　　　　D. 1　6　12

（2）以下属于我国 5GHz 频段 WLAN 工作的频率范围的是（　　）。

A. 5.425～5.650GHz　　　　　B. 5.560～5.580GHz

项目实训题 3

    C. 5.725~5.850GHz　　　　　　　　D. 5.225~5.450GHz

（3）802.11 MAC 层报文类型包括的帧类型有（　　）。（多选）

    A. 数据帧　　　　B. 控制帧　　　　　　C. 数字帧　　　　　D. 管理帧

（4）以下对传输速率描述正确的有（　　）。（多选）

    A. IEEE 802.11b 最高传输速率可达到 2Mbit/s

    B. IEEE 802.11g 最高传输速率可达到 54Mbit/s

    C. 单流 IEEE 802.11n 最高传输速率可达到 65Mbit/s

    D. 双流 IEEE 802.11n 最高传输速率可达到 300Mbit/s

（5）关于 IEEE 802.11n 工作频段的说法正确的有（　　）。（多选）

    A. 可工作在 2.4GHz 频段　　　　　　B. 可工作在 5GHz 频段

    C. 只能工作在 5GHz 频段下　　　　　D. 只能工作在 2.4GHz 频段下

项目4
微企业多部门无线局域网的组建

项目描述

随着某公司业务的发展和办公人员数量的增加，越来越多的员工开始携带笔记本计算机办公。公司希望分别为销售部、财务部两个部门创建无线网络，在满足员工移动办公需求的同时，还要满足公司网络安全管理的基本要求。

根据公司的要求，需要在 AP 上创建两个无线网络供销售部和财务部使用。

项目相关知识

4.1 SSID 的概念

SSID 是无线局域网的名称，单个 AP 可以有多个 SSID。SSID 技术可以将一个无线局域网分为几个需要不同身份验证的子网络，每一个子网络都需要独立的身份验证，只有通过身份验证的用户才可以进入相应的子网络，从而防止未被授权的用户进入本网络。

无线 AP 一般都会把 SSID 广播出去，如果不想让自己的无线局域网被别人搜索到，那么可以设置禁止 SSID 广播，此时无线局域网仍然可以使用，只是不会出现在其他人所搜索到的可用网络列表中，要想连接该无线局域网，就只能手动设置 SSID。

4.2 AP 的种类

无线 AP 从功能上可分为 Fat AP 和 Fit AP 两种。其中，Fat AP 拥有独立的操作系统，可以进行单独配置和管理，而 Fit AP 则无法单独进行配置和管理操作，需要借助无线局域网控制器进行统一的管理和配置。

Fat AP 可以自主完成无线接入、安全加密、设备配置等多项任务，不需要其他设备的协助，适合用于构建中、小型无线局域网。Fat AP 组网的优点是无须改变现有有线网络结构，配置简单;缺点是无法统一管理和配置，需要对每台 AP 单独进行配置，费时、费力，当部署大规模的 WLAN 时，部署和维护成本高。

Fit AP 又称轻型无线 AP，必须借助无线局域网控制器进行配置和管理。而采用无线局域网控制器加 Fit AP 的架构，可以将密集型的无线局域网和安全处理功能从无线 AP 转移到无线控制器中统一实现，无线 AP 只作为无线数据的收发设备，极大简化了 AP 的管理和配置，甚至可以做到"零"配置。

4.3 单个 AP 多个 SSID 技术原理

无线局域网的 SSID 就是无线局域网的名称，用于区分不同的无线局域网。设置多个 SSID，可以实现通过一台无线 AP 布置多个 VAP，用户可以连接不同的无线局域网，实现不同 SSID 用户间的二层隔离。因此，在一个区域的多 SSID 无线局域网中，所有用户可能都连入同一台无线 AP，但是不同 SSID 的用户并不在一个局域网中。

选择多 SSID 功能除了可以获得多个无线局域网外，更重要的是可以保证无线局域网的安全。尤其是对小型企业用户来说，每个部门都有自己的数据隐私需求。如果共用同一个无线局域网，很容易出现数据被盗的情况，而选择多 SSID 功能，可以使每个部门都独享专属的无线局域网，让各自的数据信息更加安全、更有保障。

📝 项目规划设计

项目拓扑

公司原有网络是通过 DHCP 管理客户端 IP 地址的，网关和 DHCP 地址池都放置于核心交换机中。因 IP 地址需统一管理，公司网络管理员需要将无线用户的网关和 DHCP 地址池配置在交换机上。微企业多部门无线局域网网络拓扑如图 4-1 所示。

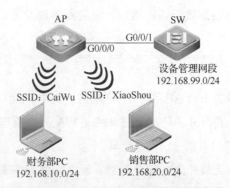

图 4-1 微企业多部门无线局域网网络拓扑

项目规划

根据图 4-1 进行项目的业务规划，项目 4 的 VLAN 规划、设备管理规划、端口互联规划、IP 地址规划、VAP 规划、Radio 规划见表 4-1～表 4-6。

表 4-1　项目 4 VLAN 规划

VLAN ID	VLAN 命名	网段	用途
VLAN 10	CaiWu	192.168.10.0/24	财务部网段
VLAN 20	XiaoShou	192.168.20.0/24	销售部网段
VLAN 99	Mgmt	192.168.99.0/24	设备管理网段

表 4-2　项目 4 设备管理规划

设备类型	型号	设备命名	用户名	密码
无线接入点	AP4050DN	AP	admin	Huawei@123
交换机	S5700	SW	admin	Huawei@123

表 4-3　项目 4 端口互联规划

本端设备	本端端口	端口配置	对端设备	对端端口
AP	G0/0/0	trunk pvid vlan 99	SW	G0/0/1
SW	G0/0/1	trunk pvid vlan 99	AP	G0/0/0

表 4-4　项目 4 IP 地址规划

设备	接口	IP 地址	用途
SW	VLAN 10	192.168.10.1/24～192.168.10.253/24	DHCP 分配给财务部终端
		192.168.10.254/24	财务部网段网关
	VLAN 20	192.168.20.1/24～192.168.20.253/24	DHCP 分配给销售部终端
		192.168.20.254/24	销售部网段网关
	VLAN 99	192.168.99.254/24	设备管理网段网关
AP	VLAN 99	192.168.99.1/24	AP 管理地址

表 4-5　项目 4 VAP 规划

VAP	VLAN	SSID	加密方式	是否广播
VAP1	10	CaiWu	无（默认）	是（默认）
VAP2	20	XiaoShou	无（默认）	是（默认）

表 4-6　项目 4 Radio 规划

AP 名称	WLAN Radio	VAP	WLAN ID	频率与信道	功率
AP	0/0/0	VAP1	1	2.4GHz,1	100%
		VAP2	2		
	0/0/1	VAP1	1	5GHz,149	100%
		VAP2	2		

项目实践

任务 4-1　交换机的配置

交换机的配置

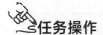任务描述

　　交换机的配置包括远程管理配置、VLAN 配置、IP 地址配置、DHCP 服务配置和端口配置。

任务操作

1. 远程管理配置

配置远程登录和管理密码。

```
<Quidway>system-view                        //进入系统视图
[Quidway]sysname SW                         //配置设备名称
[SW]user-interface vty 0 4                  //进入虚拟链路
[SW-ui-vty0-4]protocol inbound telnet       //配置协议为 telnet
[SW-ui-vty0-4]authentication-mode aaa       //配置认证模式为 AAA
[SW-ui-vty0-4]quit                          //退出
[SW]aaa                                      //进入 AAA 视图
[SW-aaa]local-user admin password irreversible-//创建 admin 用户并配置密码为
cipher Huawei@123                            Huawei@123
[SW-aaa]local-user admin service-type telnet //配置用户类型为 telnet 用户
[SW-aaa]local-user admin privilege level 15 //配置用户等级为 15
[SW-aaa]quit                                 //退出
```

2. VLAN 配置

创建各部门使用的 VLAN。

```
[SW]vlan 10                                    //创建 VLAN 10
[SW-vlan10]name CaiWu                           //VLAN 命名为 CaiWu
[SW-vlan10]quit                                 //退出
[SW]vlan 20                                     //创建 VLAN 20
[SW-vlan20]name XiaoShou                         //VLAN 命名为 XiaoShou
[SW-vlan20]quit                                 //退出
[SW]vlan 99                                     //创建 VLAN 99
[SW-vlan99]name Mgmt                             //VLAN 命名为 Mgmt
[SW-vlan99]quit                                 //退出
```

3. IP 地址配置

配置交换机的 IP 地址，即财务部网段网关、销售部网段网关和设备管理网段网关地址。

```
[SW]interface Vlanif 10                          //进入 VLANIF 10 接口
[SW-Vlanif10]ip address 192.168.10.254 24       //配置 IP 地址
[SW-Vlanif10]quit                               //退出
[SW]interface Vlanif 20                          //进入 VLANIF 20 接口
[SW-Vlanif20]ip address 192.168.20.254 24       //配置 IP 地址
[SW-Vlanif20]quit                               //退出
[SW]interface Vlanif 99                          //进入 VLANIF 99 接口
[SW-Vlanif99]ip address 192.168.99.254 24       //配置 IP 地址
[SW-Vlanif99]quit                               //退出
```

4. DHCP 服务配置

开启交换机的 DHCP 服务功能，创建用户的 DHCP 地址池。

```
[SW]dhcp enable                                 //开启 DHCP 服务
[SW]ip pool vlan10                              //创建 VLAN 10 的地址池
[SW-ip-pool-vlan10]network 192.168.10.0 mask 24 //配置分配的 IP 地址段
[SW-ip-pool-vlan10]gateway-list 192.168.10.254  //配置分配的网关地址
[SW-ip-pool-vlan10]dns-list 8.8.8.8             //配置分配的 DNS 地址
[SW-ip-pool-vlan10]quit                         //退出
[SW]ip pool vlan20                              //创建 VLAN 20 的地址池
[SW-ip-pool-vlan20]network 192.168.20.0 mask 24 //配置分配的 IP 地址段
[SW-ip-pool-vlan20]gateway-list 192.168.20.254  //配置分配的网关地址
[SW-ip-pool-vlan20]dns-list 8.8.8.8             //配置分配的 DNS 地址
[SW-ip-pool-vlan20]quit                         //退出
[SW]interface Vlanif 10                          //进入 VLANIF 10 接口
```

```
[SW-Vlanif10]dhcp select global          //DHCP 选择全局配置
[SW-Vlanif10]quit                        //退出
[SW]interface Vlanif 20                  //进入 VLANIF 20 接口
[SW-Vlanif20]dhcp select global          //DHCP 选择全局配置
[SW-Vlanif20]quit                        //退出
```

5. 端口配置

将 AP 互联的端口配置为干道（Trunk）模式。

```
[SW]interface GigabitEthernet 0/0/1                //进入 G0/0/1 端口视图
[SW-GigabitEthernet0/0/1]port link-type trunk      //配置端口链路模式为 Trunk
[SW-GigabitEthernet0/0/1] port trunk pvid          //配置端口默认 VLAN
vlan 99
[SW-GigabitEthernet0/0/1] port trunk               //配置端口放行 VLAN 列表
allow-pass vlan 10 20 99
[SW-GigabitEthernet0/0/1]quit                      //退出
```

任务验证

（1）在交换机上使用"display ip interface brief"命令查看交换机的 IP 地址信息，如下所示。

```
<SW>display ip interface brief
*down: administratively down
^down: standby
(l): loopback
(s): spoofing
(E): E-Trunk down
The number of interface that is UP in Physical is 4
The number of interface that is DOWN in Physical is 1
The number of interface that is UP in Protocol is 4
The number of interface that is DOWN in Protocol is 1

Interface          IP Address/Mask          Physical          Protocol
MEth0/0/1          unassigned               down              down
NULL0              unassigned               up                up(s)
Vlanif10           192.168.10.254/24        up                up
Vlanif20           192.168.20.254/24        up                up
```

```
Vlanif99          192.168.99.254/24        up          up
```

可以看到 3 个 VLANIF 接口都已配置了 IP 地址。

（2）在交换机上使用"display port vlan"命令查看端口的 VLAN 信息，如下所示。

```
<SW>display port vlan

Port                    Link Type     PVID    Trunk VLAN List
-----------------------------------------------------------------
GigabitEthernet0/0/1    trunk         99      1 10 20 99

GigabitEthernet0/0/2    desirable     1       1-4094

GigabitEthernet0/0/3    desirable     1       1-4094

GigabitEthernet0/0/4    desirable     1       1-4094
```

可以看到 G0/0/1 的链路模式为"trunk"，并且 PVID 为"99"。

任务 4-2　Fat AP 的配置

Fat AP 的配置

任务描述

AP 的配置包括远程管理配置、VLAN 和 IP 地址配置、端口配置、WLAN 配置、天线配置等。

任务操作

1. 远程管理配置

配置远程登录和管理密码。

```
<Huawei>system-view                          //进入系统视图

[Huawei]sysname AP                            //配置设备名称

[AP]user-interface vty 0 4                    //进入虚拟链路

[AP-ui-vty0-4]protocol inbound telnet         //配置协议为 telnet

[AP-ui-vty0-4]authentication-mode aaa         //配置认证模式为 AAA

[AP-ui-vty0-4]quit                            //退出

[AP]aaa                                       //进入 AAA 视图

[AP-aaa]local-user admin password irreversible-//创建 admin 用户并配置密

cipher Huawei@123                             码为 Huawei@123

[AP-aaa]local-user admin service-type telnet  //配置用户类型为 telnet 用户

[AP-aaa]local-user admin privilege level 15   //配置用户等级为 15

[AP-aaa]quit                                  //退出
```

2. VLAN 和 IP 地址配置

创建各部门使用的 VLAN，配置 IP 地址作为 AP 管理地址。

```
[AP]vlan 10                                      //创建 VLAN 10
[AP-vlan10]name CaiWu                            //VLAN 命名为 CaiWu
[AP-vlan10]quit                                  //退出
[AP]vlan 20                                      //创建 VLAN 20
[AP-vlan20]name XiaoShou                         //VLAN 命名为 XiaoShou
[AP-vlan20]quit                                  //退出
[AP]vlan 99                                      //创建 VLAN 99
[AP-vlan99]name Mgmt                             //VLAN 命名为 Mgmt
[AP-vlan99]quit                                  //退出
[AP]interface Vlanif 99                          //进入 VLANIF 99 接口
[AP-Vlanif99]ip address 192.168.99.1 24         //配置 IP 地址
[AP-Vlanif99]quit                                //退出
[AP]ip route-static 0.0.0.0 0 192.168.99.254   //配置默认路由
```

3. 端口配置

配置与上联交换机互联的以太网物理端口为 Trunk 模式。

```
[AP]interface GigabitEthernet 0/0/0             //进入 G0/0/0 端口视图
[AP-GigabitEthernet0/0/0]port link-type trunk   //配置端口类型为 Trunk
[AP-GigabitEthernet0/0/0] port trunk pvid vlan 99//配置端口默认 VLAN
[AP-GigabitEthernet0/0/0] port trunk allow-pass //配置端口放行 VLAN 列表
vlan 10 20 99
[AP-GigabitEthernet0/0/0]quit                   //退出
```

4. WLAN 配置

创建 SSID 配置文件并定义 SSID，创建 VAP 配置文件并关联 SSID 文件。

```
[AP]wlan                                         //进入 WLAN 视图
[AP-wlan-view]ssid-profile name SSID1            //创建 SSID 配置文件
[AP-wlan-ssid-prof-SSID1]ssid CaiWu             //定义 SSID
[AP-wlan-ssid-prof-SSID1]quit                    //退出
[AP-wlan-view]ssid-profile name SSID2            //创建 SSID 配置文件
[AP-wlan-ssid-prof-SSID2]ssid XiaoShou          //定义 SSID
[AP-wlan-ssid-prof-SSID2]quit                    //退出
[AP-wlan-view]vap-profile name VAP1              //创建 VAP 配置文件
[AP-wlan-vap-prof-VAP1]service-vlan vlan-id 10   //配置 VAP 关联 VLAN
```

```
[AP-wlan-vap-prof-VAP1]ssid-profile SSID1      //配置 VAP 关联 SSID 文件

[AP-wlan-vap-prof-VAP1]quit                    //退出到 WLAN 视图

[AP-wlan-view]vap-profile name VAP2            //创建 VAP 配置文件

[AP-wlan-vap-prof-VAP2]service-vlan vlan-id 20 //配置 VAP 关联 VLAN

[AP-wlan-vap-prof-VAP2]ssid-profile SSID2      //配置 VAP 关联 SSID 文件

[AP-wlan-vap-prof-VAP2]quit                    //退出到 WLAN 视图

[AP-wlan-view]quit                             //退出到系统视图
```

5. 天线配置

创建无线射频卡接口并关联 SSID。

```
[AP]interface Wlan-Radio 0/0/0                 //进入无线射频卡接口 0/0/0

[AP-Wlan-Radio0/0/0] undo vap-profile          //取消 WLAN 1 默认绑定的
default-ssid wlan 1                            VAP 文件

[AP-Wlan-Radio0/0/0]vap-profile VAP1 wlan 1 //WLAN 1 绑定 VAP 文件

[AP-Wlan-Radio0/0/0]vap-profile VAP2 wlan 2 //WLAN 2 绑定 VAP 文件

[AP-Wlan-Radio0/0/0]quit                       //退出

[AP]interface Wlan-Radio 0/0/1                 //进入无线射频卡接口 0/0/1

[AP-Wlan-Radio0/0/1] undo vap-profile          //取消 WLAN 1 默认绑定的
default-ssid wlan 1                            VAP 文件

[AP-Wlan-Radio0/0/1]vap-profile VAP1 wlan 1 //WLAN 1 绑定 VAP 文件

[AP-Wlan-Radio0/0/1]vap-profile VAP2 wlan 2 //WLAN 2 绑定 VAP 文件

[AP-Wlan-Radio0/0/1]quit                       //退出
```

任务验证

在 AP 上使用"display vap all"命令查看所有的 VAP 信息，如下所示。

```
[AP]display vap all
Info: This operation may take a few seconds, please wait.
WID : WLAN ID
--------------------------------------------------------------------------
AP MAC          RfID WID  BSSID           Status  Auth type  STA   SSID
--------------------------------------------------------------------------
c4b8-b469-32e0  0    2    C4B8-B469-32E1  ON      Open       0     XiaoShou
c4b8-b469-32e0  0    1    C4B8-B469-32E0  ON      Open       0     CaiWu
c4b8-b469-32e0  1    1    C4B8-B469-32F0  ON      Open       0     CaiWu
c4b8-b469-32e0  1    2    C4B8-B469-32F1  ON      Open       0     XiaoShou
```

```
Total: 4
```

可以看到已经创建了"CaiWu"和"XiaoShou"SSID。

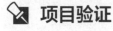 **项目验证**

项目验证

（1）STA 可以关联不同的 SSID 信号接入网络，图 4-2 和图 4-3 分别为关联财务部 SSID 信号"CaiWu"和关联销售部 SSID 信号"XiaoShou"接入网络。

图 4-2　关联"CaiWu"SSID 信号接入网络　　　　图 4-3　关联"XiaoShou"SSID 信号接入网络

（2）关联财务部 SSID 信号"CaiWu"获得 192.168.10.0/24 网段，关联销售部 SSID 信号"XiaoShou"获得 192.168.20.0/24 网段。财务网段和销售网段的 IP 地址信息分别如图 4-4 和图 4-5 所示。

图 4-4　财务网段的 IP 地址信息

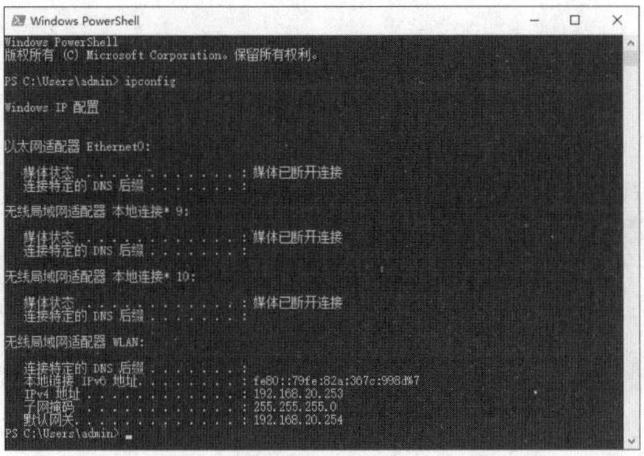

图 4-5　销售网段的 IP 地址信息

项目拓展

（1）在一台 AP 上划分多个 SSID 和在一台交换机上将交换机端口划分为多个 VLAN 的作用是否一致？

（2）在 AP 上划分多个 SSID，每一个 SSID 是否需要单独配置一个 VLAN？

项目实训题 4

项目5
微企业双AP无线局域网的组建

05

项目描述

Jan16 公司的员工小蔡接到某快递公司的一个仓库无线网络部署项目，在与客户进行沟通交流后了解到，由于该快递公司业务量快速增长，为了避免仓库不够用，公司租用了一个约 500m² 的新仓库。仓库中需要使用无线扫码枪对包裹进行快速、高效的分类处理，因此客户要求新仓库部署的无线网络应实现无死角覆盖，满足员工在仓库中走动扫码的需求。

要在约 500m² 的仓库实现无线信号覆盖，至少需要部署两个 AP。无线扫码枪在仓库中移动作业时，会比对两个 AP 的信号强度，自动选择信号较强的 AP 接入。

在仓库中部署两个及以上 AP 时需要调整 AP 的参数，以避免两个 AP 因信道冲突、覆盖范围较小等问题导致无线终端接入质量差甚至无法接入网络的情况发生。同时，无线终端在仓库中移动时，经常会发生切换服务 AP 的情况。因此，网络管理员需考虑让多个无线 AP 协同工作，确保客户端在切换 AP 时应用程序连接不中断。

项目相关知识

5.1 AP 密度

AP 密度是指固定面积的建筑物环境下部署无线 AP 的数量。每一台无线 AP 可接入的用户数量是相对固定的，因此，确定无线 AP 的部署数量不仅需要考虑无线信号在建筑物的覆盖质量，而且要考虑无线用户的接入数量。

在不考虑无线信号覆盖的情况下，应考虑无线 AP 的无线接入用户数上限，对于无线用户数量较多的场合需要部署更多的无线 AP。在无线网络项目部署中，通常要对无线 AP 的覆盖范围、无线接入用户数进行综合考虑。例如，会展中心无线网络部署属于典型的高密度无线 AP 部署场景；仓储中心无线网络部署通常属于低密度、高覆盖无线 AP 部署场景。

5.2　AP 功率

无线 AP 有一个重要的参数——发射功率，简称功率。对于 AP 而言，AP 功率是一个重要的指标，因为它与 AP 的信号强度有关。

AP 通过天线发射无线信号。通常 AP 的发射功率越大，信号就越强，其覆盖范围就越广。典型的无线 AP 产品分为室内型 AP 和室外型 AP。室内型 AP 的功率普遍比室外型 AP 的功率要小，室外型 AP 的功率基本都在 500mW 以上，而室内型 AP 的发射功率通常不高于 100mW。需要注意的是，功率越大，辐射也就越强，而且 AP 信号的强度不仅与功率有关，而且也与频段干扰、摆放位置、天线增益等有关，所以在满足信号覆盖的情况下，不建议一味地选择大功率的 AP。

5.3　AP 信道

AP 信道是指 AP 的工作频率，它是以无线信号作为传输媒介的数据信号传送通道。目前无线产品的主要工作频段为 2.4GHz（2.4～2.4835GHz）和 5GHz（5.725～5.850GHz）。

1. 2.4GHz 频段信道规划

2.4GHz 频段的各信道频率范围如图 2-1 所示，其中，信道 1、6、11 是 3 个频率范围完全不重叠的信道。

为避免同频干扰，AP 部署时可以对多个 AP 进行信道规划。信道规划的作用是减少信号冲突与干扰，通常会选择水平部署或者垂直部署。水平部署时，2.4GHz 信道规划如图 5-1 所示；垂直部署时，2.4GHz 信道规划如图 5-2 所示。

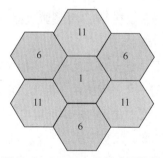

图 5-1　2.4GHz 信道水平部署

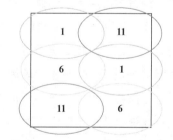

图 5-2　2.4GHz 信道垂直部署

在同一空间的二维平面上的多个 AP 可使用信道 1、6、11 实现任意区域无相同信道干扰的无线部署。当某个 AP 功率调大时，会出现部分区域有同频干扰，影响用户上网体验，这时可以通过调整无线设备的发射功率来避免这种情况的发生。但是，在三维空间里，要想在实际应用场景中实现任意区域无同频干扰是比较困难的，尤其在高密度 AP 部署时，还需要对所有 AP 进行功率规划，通过调整 AP 的发射功率来尽可能降低 AP 信道冲突。

2. 5GHz 频段信道规划

无线 5GHz 频段是指图 2-2 所示的 5GHz 频段的高频部分，即信道编号分别为 149、153、157、161、165。参照 2.4GHz 信道规划，5GHz 信道水平部署如图 5-3 所示。

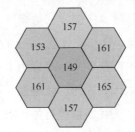

图 5-3　5GHz 信道水平部署

5.4　无线漫游

当无线局域网存在多个无线 AP 时，STA 在移动到两个 AP 覆盖范围的临界区域时，STA 与新的 AP 进行关联并与原有 AP 断开关联，且在此过程中保持不间断的网络连接，这种功能称为漫游（Roaming）。简单来说，无线漫游就如同手机的移动通话功能，手机从一个基站的覆盖范围移动到另一个基站的覆盖范围时，基站能提供不间断的、无感知的通话服务。

对用户来说，漫游的过程是透明且无感知的，即用户在漫游过程中，不会收到 AP 变化的通知，也不会感觉到切换 AP 带来的服务变化，这与手机类似。例如，我们在快速行驶的汽车中打电话时，手机会不断切换服务基站，但是我们并不会感觉到这个过程，除非我们过隧道（隧道未覆盖手机信号），否则不会感知通话的变化。

漫游技术已经普遍应用于移动通信和无线网络通信。在 WLAN 漫游过程中，STA 的 IP 地址始终保持不变（STA 更换 IP 地址会导致通信中断）。

无线漫游分为二层漫游和三层漫游，这里仅简要介绍无线二层漫游的相关知识。

无线二层漫游是指 STA 在漫游前后均工作在同一个子网络中，因此，它要求所有 AP 均工作在同一个子网络，且要求各 AP 的 SSID、认证方式、客户端配置与 AP 网络中的配置完全相同，仅允许 AP 工作信道不同，以确保 AP 彼此没有干扰。

📐 项目规划设计

项目拓扑

公司原有网络是通过 DHCP 管理客户端 IP 地址的，网关和 DHCP 地址池都放置于核心交换机中。因 IP 地址需统一管理，公司网络管理员需要将无线用户的网关和 DHCP 地址池配置在核心交换机上。微企业双 AP 无线局域网网络拓扑如图 5-4 所示。

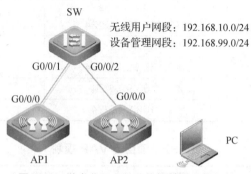

图 5-4　微企业双 AP 无线局域网网络拓扑

项目规划

根据图 5-4 进行项目的业务规划。项目 5 的 VLAN 规划、设备管理规划、端口互联规划、IP 地址规划、VAP 规划、Radio 规划见表 5-1~表 5-6。

表 5-1　项目 5 VLAN 规划

VLAN ID	VLAN 命名	网段	用途
VLAN 10	USER	192.168.10.0/24	无线用户网段
VLAN 99	Mgmt	192.168.99.0/24	设备管理网段

表 5-2　项目 5 设备管理规划

设备类型	型号	设备命名	console 密码	用户名	密码
无线接入点	AP4050DN	AP1	Huawei@123	admin	Huawei@123
无线接入点	AP4050DN	AP2	Huawei@123	admin	Huawei@123
交换机	S5700	SW	Huawei@123	admin	Huawei@123

表 5-3　项目 5 端口互联规划

本端设备	本端端口	端口配置	对端设备	对端端口
AP1	G0/0/0	trunk pvid vlan 99	SW	G0/0/1
AP2	G0/0/0	trunk pvid vlan 99	SW	G0/0/2
SW	G0/0/1	trunk pvid vlan 99	AP1	G0/0/0
SW	G0/0/2	trunk pvid vlan 99	AP2	G0/0/0

表 5-4　项目 5 IP 地址规划

设备	接口	IP 地址	用途
L3SW	VLAN 10	192.168.10.1/24～ 192.168.10.253/24	DHCP 分配给无线用户
		192.168.10.254/24	无线用户网段网关
	VLAN 99	192.168.99.254/24	设备管理网段网关
AP1	VLAN 99	192.168.99.1/24	AP 管理地址
AP2	VLAN 99	192.168.99.2/24	AP 管理地址

表 5-5　项目 5 VAP 规划

VAP	VLAN	SSID	加密方式	是否广播
VAP1	10	Huawei	无（默认）	是（默认）

表 5-6　项目 5 Radio 规划

AP 名称	WLAN Radio	VAP	WLAN ID	频率与信道	功率
AP1	0/0/0	VAP1	1	2.4GHz,1	100%
AP1	0/0/1	VAP1	1	5GHz,149	100%
AP2	0/0/0	VAP1	1	2.4GHz,11	100%
AP2	0/0/1	VAP1	1	5GHz,157	100%

项目实践

任务 5-1　仓库交换机的配置

仓库交换机的配置

任务描述

交换机的配置包括远程管理配置、VLAN 和 IP 地址配置、端口配置，以及 DHCP 服务配置。

任务操作

1. 远程管理配置

配置远程登录和管理密码。

```
<Quidway>system-view                    //进入系统视图
[Quidway]sysname SW                      //配置设备名称
[SW]user-interface vty 0 4               //进入虚拟链路
```

```
[SW-ui-vty0-4]protocol inbound telnet          //配置协议为 telnet

[SW-ui-vty0-4]authentication-mode aaa          //配置认证模式为 AAA

[SW-ui-vty0-4]quit                             //退出

[SW]aaa                                        //进入 AAA 视图

[SW-aaa]local-user admin password irreversible-//创建 admin 用户并配置密
cipher Huawei@123                              码为 Huawei@123

[SW-aaa]local-user admin service-type telnet   //配置用户类型为 telnet 用户

[SW-aaa]local-user admin privilege level 15    //配置用户等级为 15

[SW-aaa]quit                                   //退出
```

2. VLAN 和 IP 地址配置

创建 VLAN，配置设备的 IP 地址，即无线用户网段网关和设备管理网段网关地址。

```
[SW]vlan 10                                    //创建 VLAN 10

[SW-vlan10]name USER                           //VLAN 命名为 USER

[SW-vlan10]quit                                //退出

[SW]vlan 99                                    //创建 VLAN 99

[SW-vlan99]name Mgmt                           //VLAN 命名为 Mgmt

[SW-vlan99]quit                                //退出

[SW]interface Vlanif 10                        //进入 VLANIF 10 接口

[SW-Vlanif10]ip address 192.168.10.254 24      //配置 IP 地址

[SW-Vlanif10]quit                              //退出

[SW]interface Vlanif 99                        //进入 VLANIF 99 接口

[SW-Vlanif99]ip address 192.168.99.254 24      //配置 IP 地址

[SW-Vlanif99]quit                              //退出
```

3. 端口配置

配置与 AP 互联的端口为 Trunk 模式。

```
[SW]interface range GigabitEthernet 0/0/1 to   //进入 G0/0/1 和 G0/0/2
GigabitEthernet 0/0/2                          端口视图

[SW-port-group]port link-type trunk            //配置端口链路模式为 Trunk

[SW-port-group] port trunk pvid vlan 99        //配置端口默认 VLAN

[SW-port-group] port trunk allow-pass vlan 10 99//配置端口放行 VLAN 列表

[SW-port-group]quit                            //退出
```

4. DHCP 服务配置

开启核心设备的 DHCP 服务功能，创建用户的 DHCP 地址池。

```
[SW]dhcp enable                                //开启 DHCP 服务
```

```
[SW]ip pool vlan10                                    //创建 VLAN 10 的地址池

[SW-ip-pool-vlan10]network 192.168.10.0 mask 24       //配置分配的 IP 地址段

[SW-ip-pool-vlan10]gateway-list 192.168.10.254        //配置分配的网关地址

[SW-ip-pool-vlan10]dns-list 8.8.8.8                   //配置分配的 DNS 地址

[SW-ip-pool-vlan10]quit                               //退出

[SW]interface Vlanif 10                               //进入 VLANIF 10 接口

[SW-Vlanif10]dhcp select global                       //DHCP 选择全局配置

[SW-Vlanif10]quit                                     //退出
```

任务验证

（1）在交换机上使用"display ip interface brief"命令查看交换机的 IP 地址信息，如下所示。

```
<SW>display ip interface brief

*down: administratively down

^down: standby

(l): loopback

(s): spoofing

(E): E-Trunk down

The number of interface that is UP in Physical is 4

The number of interface that is DOWN in Physical is 1

The number of interface that is UP in Protocol is 4

The number of interface that is DOWN in Protocol is 1


Interface        IP Address/Mask        Physical      Protocol

MEth0/0/1        unassigned             down          down

NULL0            unassigned             up            up(s)

Vlanif10         192.168.10.254/24      up            up

Vlanif99         192.168.99.254/24      up            up
```

可以看到两个 VLANIF 接口都已配置了 IP 地址。

（2）在交换机上使用"display port vlan"命令查看端口的 VLAN 信息，如下所示。

```
<SW>display port vlan

Port                      Link Type   PVID    Trunk VLAN List

-------------------------------------------------------------------------

GigabitEthernet0/0/1      trunk       99      1 10 20 99
```

GigabitEthernet0/0/2	trunk	99	1 10 20 99
GigabitEthernet0/0/3	desirable	1	1-4094
GigabitEthernet0/0/4	desirable	1	1-4094

可以看到 G0/0/1 和 G0/0/2 的链路模式为"trunk",且 PVID 为"99"。

任务 5-2　仓库 AP1 的配置

仓库 AP1 的配置

任务描述

AP1 的配置包括远程管理配置、VLAN 和 IP 地址配置、端口配置、WLAN 配置、天线配置等。

任务操作

1. 远程管理配置

配置远程登录和管理密码。

```
<Huawei>system-view                              //进入系统视图
[Huawei]sysname AP1                              //配置设备名称
[AP1]user-interface vty 0 4                      //进入虚拟链路
[AP1-ui-vty0-4]protocol inbound telnet           //配置协议为 telnet
[AP1-ui-vty0-4]authentication-mode aaa           //配置认证模式为 AAA
[AP1-ui-vty0-4]quit                              //退出
[AP1]aaa                                         //进入 AAA 视图
[AP1-aaa]local-user admin password               //创建 admin 用户并配置密码为
irreversible-cipher Huawei@123                    Huawei@123
[AP1-aaa]local-user admin service-type telnet    //配置用户类型为 telnet 用户
[AP1-aaa]local-user admin privilege level 15     //配置用户等级为 15
[AP1-aaa]quit                                    //退出
```

2. VLAN 和 IP 地址配置

创建 VLAN,配置 IP 地址作为 AP 管理地址。

```
[AP1]vlan 10                                     //创建 VLAN 10
[AP1-vlan10]name USER                            //VLAN 命名为 USER
[AP1-vlan10]quit                                 //退出
[AP1]vlan 99                                     //创建 VLAN 99
[AP1-vlan99]name Mgmt                            //VLAN 命名为 Mgmt
```

```
[AP1-vlan99]quit                              //退出

[AP1]interface Vlanif 99                      //进入 VLANIF 99 接口

[AP1-Vlanif99]ip address 192.168.99.1 24      //配置 IP 地址

[AP1-Vlanif99]quit                            //退出

[AP]ip route-static 0.0.0.0 0 192.168.99.254  //配置默认路由
```

3. 端口配置

配置与上联交换机互联的端口为 Trunk 模式。

```
[AP1]interface GigabitEthernet 0/0/0          //进入 G0/0/0 端口视图

[AP1-GigabitEthernet0/0/0]port link-type trunk//配置端口链路模式为 Trunk

[AP1-GigabitEthernet0/0/0] port trunk pvid vlan 99 //配置端口默认 VLAN

[AP1-GigabitEthernet0/0/0] port trunk allow-  //配置端口放行 VLAN 列表
pass vlan 10 99

[AP1-GigabitEthernet0/0/0]quit                //退出
```

4. WLAN 配置

创建 SSID 配置文件并定义 SSID，创建 VAP 配置文件并关联 SSID 文件。

```
[AP1]wlan                                     //进入 WLAN 视图

[AP1-wlan-view]ssid-profile name SSID1        //创建 SSID 配置文件

[AP1-wlan-ssid-prof-SSID1]ssid Huawei         //定义 SSID

[AP1-wlan-ssid-prof-SSID1]quit                //退出

[AP1-wlan-view]vap-profile name VAP1          //创建 VAP 配置文件

[AP1-wlan-vap-prof-VAP1]service-vlan vlan-id 10 //配置 VAP 关联 VLAN

[AP1-wlan-vap-prof-VAP1]ssid-profile SSID1    //配置 VAP 关联 SSID 文件

[AP1-wlan-vap-prof-VAP1]quit                  //退出到 WLAN 视图

[AP1-wlan-view]quit                           //退出到系统视图
```

5. 天线配置

进入无线射频卡接口并关联 SSID，修改无线射频卡的带宽和信道。

```
[AP1]interface Wlan-Radio 0/0/0               //进入无线射频卡接口 0/0/0

[AP1-Wlan-Radio0/0/0] undo vap-profile        //取消 WLAN 1 默认绑定的
default-ssid wlan 1                           VAP 文件

[AP1-Wlan-Radio0/0/0]vap-profile VAP1 wlan 1  //WLAN 1 绑定 VAP 文件

[AP1-Wlan-Radio0/0/0] channel 20mhz 1         //带宽为 20MHz，信道为 1

[AP1-Wlan-Radio0/0/0]quit                     //退出

[AP1]interface Wlan-Radio 0/0/1               //进入无线射频卡接口 0/0/1

[AP1-Wlan-Radio0/0/1] undo vap-profile        //取消 WLAN 1 默认绑定的 VAP 文件
```

```
default-ssid wlan 1

[AP1-Wlan-Radio0/0/1]vap-profile VAP1 wlan 1  //WLAN 1 绑定 VAP 文件

[AP1-Wlan-Radio0/0/0] channel 20mhz 149      //带宽为 20MHz，信道为 149

[AP1-Wlan-Radio0/0/1]quit                    //退出
```

任务验证

在 AP1 上使用"display vap all"命令查看所有 VAP 信息，如下所示。

```
[AP1]display vap all

Info: This operation may take a few seconds, please wait.

WID : WLAN ID
--------------------------------------------------------------------

AP MAC            RfID WID  BSSID          Status Auth type STA   SSID
--------------------------------------------------------------------

c4b8-b469-32e0  0    1    C4B8-B469-32E0 ON     Open       0    Huawei

c4b8-b469-32e0  1    1    C4B8-B469-32F0 ON     Open       0    Huawei

--------------------------------------------------------------------

Total: 2
```

可以看到已经创建了"Huawei"SSID。

任务 5-3　仓库 AP2 的配置

仓库 AP2 的配置

任务描述

AP2 的配置包括远程管理配置、VLAN 和 IP 地址配置、端口配置、WLAN 配置、天线配置等。

任务操作

1. 远程管理配置

配置远程登录和管理密码。

```
<Huawei>system-view                          //进入系统视图

[Huawei]sysname AP2                          //配置设备名称

[AP2]user-interface vty 0 4                  //进入虚拟链路

[AP2-ui-vty0-4]protocol inbound telnet       //配置协议为 telnet

[AP2-ui-vty0-4]authentication-mode aaa       //配置认证模式为 AAA
```

```
[AP2-ui-vty0-4]quit                              //退出
[AP2]aaa                                         //进入 AAA 视图
[AP2-aaa]local-user admin password              //创建 admin 用户并配置密码为
irreversible-cipher Huawei@123                   Huawei@123
[AP2-aaa]local-user admin service-type telnet   //配置用户类型为 telnet 用户
[AP2-aaa]local-user admin privilege level 15    //配置用户等级为 15
[AP2-aaa]quit                                    //退出
```

2. VLAN 和 IP 地址配置

创建 VLAN，配置 IP 地址作为 AP 管理地址。

```
[AP2]vlan 10                                     //创建 VLAN 10
[AP2-vlan10]name USER                            //VLAN 命名为 USER
[AP2-vlan10]quit                                 //退出
[AP2]vlan 99                                     //创建 VLAN 99
[AP2-vlan99]name Mgmt                            //VLAN 命名为 Mgmt
[AP2-vlan99]quit                                 //退出
[AP2]interface Vlanif 99                         //进入 VLANIF 99 接口
[AP2-Vlanif99]ip address 192.168.99.2 24         //配置 IP 地址
[AP2-Vlanif99]quit                               //退出
[AP]ip route-static 0.0.0.0 0 192.168.99.254     //配置默认路由
```

3. 端口配置

配置与上联交换机互联的端口为 Trunk 模式。

```
[AP2]interface GigabitEthernet 0/0/0                //进入 G0/0/0 端口视图
[AP2-GigabitEthernet0/0/0]port link-type trunk      //配置端口链路模式为 Trunk
[AP2-GigabitEthernet0/0/0] port trunk pvid vlan 99  //配置端口默认 VLAN
[AP2-GigabitEthernet0/0/0] port trunk allow-         //配置端口放行 VLAN 列表
pass vlan 10 99
[AP2-GigabitEthernet0/0/0]quit                       //退出
```

4. WLAN 配置

创建 SSID 配置文件并定义 SSID，创建 VAP 配置文件并关联 SSID 文件。

```
[AP2]wlan                                        //进入 WLAN 视图
[AP2-wlan-view]ssid-profile name SSID1           //创建 SSID 配置文件
[AP2-wlan-ssid-prof-SSID1]ssid Huawei            //定义 SSID
[AP2-wlan-ssid-prof-SSID1]quit                   //退出
```

```
[AP2-wlan-view]vap-profile name VAP1            //创建 VAP 配置文件

[AP2-wlan-vap-prof-VAP1]service-vlan vlan-id 10  //配置 VAP 关联 VLAN

[AP2-wlan-vap-prof-VAP1]ssid-profile SSID1       //配置 VAP 关联 SSID 文件

[AP2-wlan-vap-prof-VAP1]quit                     //退出到 WLAN 视图

[AP2-wlan-view]quit                              //退出到系统视图
```

5. 天线配置

进入无线射频卡接口并关联 SSID，修改无线射频卡的带宽和信道。

```
[AP2]interface Wlan-Radio 0/0/0                  //进入无线射频卡接口 0/0/0

[AP2-Wlan-Radio0/0/0] undo vap-profile           //取消 WLAN 1 默认绑定的
default-ssid wlan 1                              VAP 文件

[AP2-Wlan-Radio0/0/0]vap-profile VAP1 wlan 1     //WLAN 1 绑定 VAP 文件

[AP2-Wlan-Radio0/0/0] channel 20mhz 11           //带宽为 20MHz，信道为 11

[AP2-Wlan-Radio0/0/0]quit                        //退出

[AP2]interface Wlan-Radio 0/0/1                  //进入无线射频卡接口 0/0/1

[AP2-Wlan-Radio0/0/1] undo vap-profile           //取消 WLAN 1 默认绑定的
default-ssid wlan 1                              VAP 文件

[AP2-Wlan-Radio0/0/1]vap-profile VAP1 wlan 1     //WLAN 1 绑定 VAP 文件

[AP2-Wlan-Radio0/0/1] channel 20mhz 157          //带宽为 20MHz，信道为 157

[AP2-Wlan-Radio0/0/1]quit                        //退出
```

任务验证

在 AP2 上使用"display vap all"命令查看所有 VAP 信息，如下所示。

```
[AP2]display vap all
Info: This operation may take a few seconds, please wait.

WID : WLAN ID

-----------------------------------------------------------------------------

AP MAC          RfID WID BSSID          Status  Auth type  STA   SSID

-----------------------------------------------------------------------------

c4b8-b469-3780 0    1   C4B8-B469-3780 ON      Open       0     Huawei
c4b8-b469-3780 1    1   C4B8-B469-3790 ON      Open       0     Huawei

-----------------------------------------------------------------------------

Total: 2
```

可以看到已经创建了"Huawei"SSID。

项目验证

（1）使用测试 PC 查找无线信号"Huawei"并接入，结果如图 5-5 所示。

图 5-5　PC 查找无线信号"Huawei"并接入

（2）在 PC 上通过 WirelessMon 测试漫游用户，根据无线信道测试二层漫游连接。使用 WirelessMon 查看所连接的 SSID 信息，可以看到当前已连接的"Huawei"SSID 工作在信道 11，如图 5-6 所示。

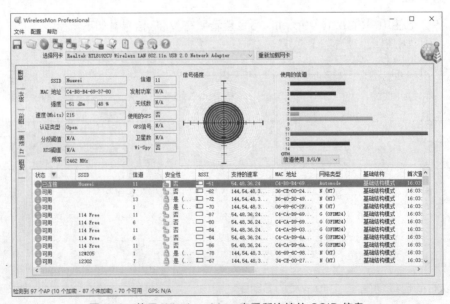

图 5-6　使用 WirelessMon 查看所连接的 SSID 信息

（3）使用 WirelessMon 查看漫游后所连接的 SSID 信息，如图 5-7 所示，在测试 PC 上通过 WirelessMon 测试漫游，可以看到已连接的 "Huawei" SSID 已经切换到信道 1。

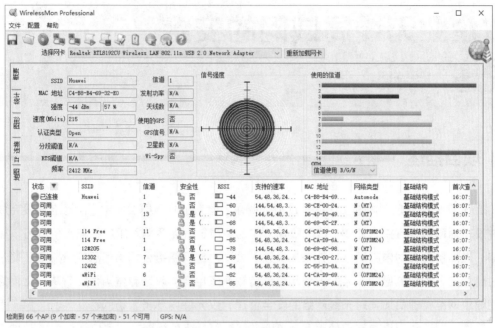

图 5-7　使用 WirelessMon 查看漫游后所连接的 SSID 信息

项目拓展

（1）某型号 AP 的天线的最大发射功率为 20dBm，则该 AP 的最大功率为（　　）mW。

    A. 10　　　　　　　　　　　　B. 50

    C. 100　　　　　　　　　　　　D. 200

项目实训题 5

（2）2.4GHz 频段有（　　）个互不重叠的信道。

    A. 2　　　　　　B. 3　　　　　　C. 4　　　　　　D. 5

（3）在一个教室内部署两个 AP，为避免这两个 AP 互相干扰，可采取的措施是（　　）。

    A. 降低 AP 的发射功率　　　　　　B. 配置不同的 SSID

    C. 使用不同的频段　　　　　　　　D. 提高 AP 的发射功率

（4）关于无线漫游，以下说法错误的有（　　）。（多选）

    A. 漫游会导致无线终端更换无线接入点

    B. 漫游时，无线终端的信道保持不变

    C. 漫游时，无线终端的 IP 地址保持不变

    D. 漫游时，无线终端通信不中断

项目6
微企业无线局域网的安全配置

项目描述

　　Jan16 公司满足了内部员工的移动办公需求，但为了方便员工使用，在网络建设完成初期并没有对网络进行接入控制，这导致非公司内部员工不需要输入用户名和密码就可以接入网络，进而接入公司内部网络。外来人员接入公司内部网络给公司的信息安全带来了隐患，同时随着接入人数的增加，公司无线网络的传输速率也变得越来越慢。为了解决以上问题，公司要求网络管理员加强对无线网络的安全管理，仅允许内部员工访问。

　　微型企业无线网络通常仅使用 Fat AP 进行组网，这种组网方式可以通过以下几种方法来构建一个安全的无线网络。

　　（1）对公司无线网络实施安全加密认证，内部员工访问公司无线网络需要输入密码才可以关联无线 SSID。

　　（2）为了避免所有人都可以搜索到公司的无线 SSID 信号，对无线网络实施隐藏 SSID 功能，防止无线信号外泄。

　　（3）为了防止非本公司的无线终端访问公司内部网络从而造成信息泄露，对现有无线网络配置白名单，仅允许已注册的无线终端接入网络。

项目相关知识

6.1 WLAN 安全威胁

　　WLAN 以无线信道作为传输媒介，利用电磁波在空气中传播收发数据，从而实现了传统有线局域网的功能。与传统的有线接入方式相比，WLAN 部署相对简单，维护成本也相对低廉，因此应用前景十分广阔。然而由于 WLAN 传输媒介的特殊性和其固有的安全缺陷，用户的数据面临被窃听和篡改的威胁，因此 WLAN 的安全问题成为制约其推广的重要问题。WLAN 常见的安全威胁有以下几个方面。

1. 未经授权使用网络服务

最常见的 WLAN 安全威胁就是未经授权的非法用户使用 WLAN。非法用户未经授权使用 WLAN 并同合法用户共享带宽，会影响合法用户的使用体验，甚至可能泄露合法用户的用户信息。

2. 非法 AP

非法 AP 是未经授权部署在企业 WLAN 中干扰网络正常运行的 AP。如果该非法 AP 配置了正确的有线等效保密（Wired Equivalent Privacy，WEP）密钥，就可以捕获客户端数据。经过配置后，非法 AP 可为未授权用户提供接入服务，可让未授权用户捕获和伪造数据报，甚至可允许未授权用户访问服务器和文件。

3. 数据安全

相比于以前的有线局域网，WLAN 采用无线通信技术，用户的各类信息在无线网络中传输会更容易被窃听、获取。

4. 拒绝服务攻击

拒绝服务（Denial of Service，DoS）攻击不以获取信息为目的，入侵者只是想让目标机器停止提供服务。因为 WLAN 采用电磁波传输数据，理论上只要在有信号的范围内攻击者就可以发起攻击。这种攻击方式隐蔽性好，实现容易，防范困难，是终极攻击方式之一。

6.2 WLAN 认证技术

802.11 无线网络一般作为连接 802.3 有线网络的入口。为保护入口的安全，确保只有授权用户才能通过无线 AP 访问网络资源，必须采用有效的认证解决方案。认证是验证用户身份与资格的过程，用户必须表明自己的身份并提供可以证实自己身份的凭证。安全性较高的认证系统通常采用多要素认证，用户必须提供至少两种不同的身份凭证。

主要的 WLAN 认证技术如下。

1. 开放系统认证

开放系统认证不对用户身份做任何验证，在整个认证过程中，通信双方仅需交换两个认证帧：STA 向 AP 发送一个认证帧，AP 以此帧的源 MAC 地址作为发送端的身份证明，AP 随即返回一个认证帧，并建立 AP 和 STA 的连接。因此，开放系统认证不要求用户提供任何身份凭证，通过这种简单的认证后就能与 AP 建立关联，进而获得访问网络资源的权限。

开放系统认证是唯一的 802.11 要求必备的认证方法，是最简单的认证方式。对于需要允许设备快速进入网络的场景，可以使用开放系统认证。开放系统认证主要用于在公共区域或热点区域（如机场、酒店等）为用户提供无线接入服务，适合用户众多的运营商部署大规模的 WLAN。

2．共享密钥认证

共享密钥认证要求 STA 必须支持 WEP，STA 与 AP 必须配置匹配的静态 WEP 密钥。如果双方的静态 WEP 密钥不匹配，STA 就无法通过认证。共享密钥认证过程中，采用共享密钥认证的无线接口之间需要交换质询消息，通信双方总共需要交换 4 个认证帧，如图 6-1 所示。

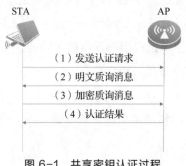

图 6-1　共享密钥认证过程

（1）STA 向 AP 发送认证请求认证帧。

（2）AP 向 STA 返回包含明文质询消息的第 2 个认证帧，质询消息长度为 128 字节，由 WEP 密钥流生成器利用随机密钥和初始向量产生。

（3）STA 使用静态 WEP 密钥将质询消息加密，并通过认证帧发给 AP，即第 3 个认证帧。

（4）AP 收到第 3 个认证帧后，将使用静态 WEP 密钥对其中的质询消息进行解密，并与原始质询消息进行比较。若两者匹配，AP 将会向 STA 发送第 4 个也是最后一个认证帧，确认 STA 成功通过认证；若两者不匹配或 AP 无法解密质询消息，AP 将拒绝 STA 的认证请求。

STA 成功通过共享密钥认证后，将采用同一静态 WEP 密钥加密随后的 802.11 数据帧与 AP 通信。

共享密钥认证看似安全性比开放系统认证要高，但是实际上存在着巨大的安全漏洞。如果入侵者截获 AP 发送的明文质询消息和 STA 返回的加密质询消息，就可能从中提取出静态 WEP 密钥。入侵者一旦掌握静态 WEP 密钥，就可以解密所有数据帧，网络对入侵者将再无秘密可言。因此，WEP 共享密钥认证方式难以为企业 WLAN 提供有效保护。

3．SSID 隐藏

SSID 隐藏可将无线网络的逻辑名隐藏起来。AP 启用 SSID 隐藏后，STA 扫描 SSID 时将无法获得 SSID 信息。因此，STA 必须手动设置与 AP 相同的 SSID 才能与 AP 进行关联。如果 STA 出示的 SSID 与 AP 的 SSID 不同，那么 AP 将拒绝 STA 接入。

SSID 隐藏适用于某些企业或机构需要支持大量访客接入的场景。企业园区无线网络可能存在多个 SSID，例如员工、访客等。为尽量避免访客连错网络的问题，园区通常会隐藏员工 SSID，同时广播访客 SSID。此时访客尝试连接无线网络时只能看到访客 SSID，从而减少了访客连接到员工网络的情况。

尽管 SSID 隐藏可以在一定程度上防止普通用户搜索到无线网络，但只要入侵者使用二层无线协议分析软件拦截到任何合法 STA 发送的帧，就能获得以明文形式传输的 SSID。因此，只使用 SSID 隐藏策略无法保证无线局域网安全。

4. 黑白名单认证（MAC 地址认证）

"白名单"的概念与"黑名单"相对应。黑名单启用后，被列入黑名单的 STA 不能通过验证。如果设立了白名单，则在白名单中的 STA 会被允许通过验证，没有在白名单列出的 STA 将被拒绝访问。

黑白名单认证是一种基于端口和 MAC 地址对 STA 的网络访问权限进行控制的认证方法，不需要 STA 安装任何客户端软件。802.11 设备都具有唯一的 MAC 地址，因此可以通过检验 802.11 设备数据分组的源 MAC 地址来判断其合法性，过滤不合法的 MAC 地址，仅允许特定的 STA 发送的数据分组通过。MAC 地址过滤要求预先在 AP 中输入合法的 MAC 地址列表，只有当 STA 的 MAC 地址和合法 MAC 地址列表中的地址匹配时，AP 才允许用户设备与之通信，实现 MAC 地址过滤。MAC 地址认证如图 6-2 所示，STA1 的 MAC 地址不在 AP 的合法 MAC 地址列表中，因而不能接入 AP；而 STA2 和 STA3 的 MAC 地址分别与合法 MAC 地址列表中的第 4 个、第 3 个 MAC 地址完全匹配，因而可以接入 AP。

合法MAC地址列表
MAC1：0811.966E.1A8F
MAC2：0811.966E.23A9
MAC3：0811.966E.6C9A
MAC4：0811.966E.66E1

STA1
MAC：0811.966E.23A1

STA2
MAC：0811.966E.66E1

STA3
MAC：0811.966E.6C9A

图 6-2　MAC 地址认证

然而，由于很多无线网卡支持重新配置 MAC 地址，故 MAC 地址很容易被伪造或复制。只要将 MAC 地址伪装成某个出现在允许列表中的 STA 的 MAC 地址，就能轻易绕过 MAC 地址过滤。为所有 STA 配置 MAC 地址过滤的工作量较大，而 MAC 地址又易于伪造，因此 MAC 地址过滤无法成为一种可靠的无线安全解决方案。

5. PSK 认证

预共享密钥（Pre-Shared Key，PSK）认证是 Wi-Fi 保护接入（Wi-Fi Protected Access，WPA）使用的认证方式，要求用户使用一个简单的 ASCII 字符串（长度为 8~63

个字符，称为密码短语）作为密钥。STA和AP通过能否成功解密"协商"的消息来确定STA配置的预共享密钥是否与AP配置的预共享密钥相同，从而完成AP和STA的相互认证。

PSK认证有很多别称，例如WPA/WPA2口令（WPA/WPA2 Passphrase）和WPA/WPA2预共享密钥（WPA/WPA2 PSK）等。

WPA/WPA2定义的PSK认证方法是一种弱认证方法，很容易受到暴力字典（通过大量猜测和穷举的方式来尝试获取用户口令的攻击方式）的攻击。虽然这种简单的PSK认证是为小型无线网络设计的，但实际上很多企业也使用WPA/WPA2。由于所有STA上的PSK都是相同的，如果用户不小心将PSK泄露，WLAN的安全性将受到威胁。为保证安全，所有STA就必须重新配置一个新的PSK。

6.3 WLAN加密技术

在WLAN用户通过认证并被赋予访问权限后，网络必须保护用户所传送的数据不被泄露，其主要方法是对数据报文进行加密。WLAN采用的加密技术主要有WEP加密、时限密钥完整性协议（Temporal Key Integrity Protocol，TKIP）加密和计数器模式及密码块链消息认证码协议（Counter-Mode with CBC-MAC Protocol，CCMP）加密等。

📩 项目规划设计

项目拓扑

公司原有网络是通过DHCP管理客户端IP地址的，网关和DHCP地址池都放置于核心交换机中。因IP地址需统一管理，公司网络管理员需要将无线用户的网关和DHCP地址池配置在核心交换机上。同时，需要在AP上配置WLAN加密、隐藏SSID、全局白名单等功能，以提高网络的安全性。微企业无线局域网安全配置网络拓扑如图6-3所示。

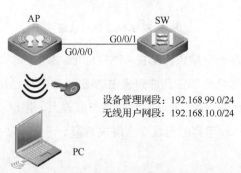

图6-3　微企业无线局域网安全配置网络拓扑

项目规划

根据图 6-3 进行项目的业务规划，项目 6 的 VLAN 规划、设备管理规划、端口互联规划、IP 地址规划、VAP 规划、Radio 规划见表 6-1～表 6-6。

表 6-1　项目 6 VLAN 规划

VLAN ID	VLAN 命名	网段	用途
VLAN 10	user	192.168.10.0/24	无线用户网段
VLAN 99	mgmt	192.168.99.0/24	设备管理网段

表 6-2　项目 6 设备管理规划

设备类型	型号	设备命名	用户名	密码
无线接入点	AP4050DN	AP	admin	Huawei@123
交换机	S5700	SW	admin	Huawei@123

表 6-3　项目 6 端口互联规划

本端设备	本端端口	端口配置	对端设备	对端端口
AP	G0/0/0	trunk pvid vlan 99	SW	G0/0/1
SW	G0/0/1	trunk pvid vlan 99	AP1	G0/0/0

表 6-4　项目 6 IP 地址规划

设备	接口	IP 地址	用途
L3SW	VLAN 10	192.168.10.1/24～192.168.10.253/24	DHCP 分配给无线用户
		192.168.10.254/24	无线用户网段网关
	VLAN 99	192.168.99.254/24	设备管理网段网关
AP	VLAN 99	192.168.99.1	AP 管理地址

表 6-5　项目 6 VAP 规划

VAP	VLAN	SSID	加密方式	是否广播
VAP1	10	Huawei	12345678	否

表 6-6　项目 6 Radio 规划

AP 名称	WLAN Radio	VAP	WLAN ID	频率与信道	功率
AP	0/0/0	VAP1	1	2.4GHz,1	100%
AP	0/0/1	VAP1	1	5GHz,149	100%

项目实践

任务 6-1　微企业交换机的配置

微企业交换机的
配置

任务描述

　　交换机的配置包括交换机的远程管理配置、VLAN 和 IP 地址配置、端口配置，以及 DHCP 服务配置。

任务操作

1. 远程管理配置

配置远程登录和管理密码。

```
<Quidway>system-view                                    //进入系统视图
[Quidway]sysname SW                                     //配置设备名称
[SW]user-interface vty 0 4                              //进入虚拟链路
[SW-ui-vty0-4]protocol inbound telnet                   //配置协议为 telnet
[SW-ui-vty0-4]authentication-mode aaa                   //配置认证模式为 AAA
[SW-ui-vty0-4]quit                                      //退出
[SW]aaa                                                 //进入 AAA 视图
[SW-aaa]local-user admin password irreversible-         //创建 admin 用户并配置密
cipher Huawei@123                                       //码为 Huawei@123
[SW-aaa]local-user admin service-type telnet            //配置用户类型为 telnet 用户
[SW-aaa]local-user admin privilege level 15             //配置用户等级为 15
[SW-aaa]quit                                            //退出
```

2. VLAN 和 IP 地址配置

创建 VLAN，配置设备的 IP 地址，即无线用户网段网关和设备管理网段网关地址。

```
[SW]vlan 10                                             //创建 VLAN 10
[SW-vlan10]name user                                    //VLAN 命名为 user
[SW-vlan10]quit                                         //退出
[SW]vlan 99                                             //创建 VLAN 99
[SW-vlan99]name mgmt                                    //VLAN 命名为 mgmt
[SW-vlan99]quit                                         //退出
```

```
[SW]interface Vlanif 10                         //进入 VLANIF 10 接口
[SW-Vlanif10]ip address 192.168.10.254 24       //配置 IP 地址
[SW-Vlanif10]quit                               //退出
[SW]interface Vlanif 99                         //进入 VLANIF 99 接口
[SW-Vlanif99]ip address 192.168.99.254 24       //配置 IP 地址
[SW-Vlanif99]quit                               //退出
```

3. 端口配置

配置与 AP 互联的端口为 Trunk 模式。

```
[SW]interface GigabitEthernet 0/0/1             //进入 G0/0/1 端口视图
[SW-GigabitEthernet0/0/1]port link-type trunk   //配置端口链路模式为 Trunk
[SW-GigabitEthernet0/0/1]port trunk pvid vlan 99 //配置端口默认 VLAN
[SW-GigabitEthernet0/0/1]port trunk allow-pass   //配置端口放行 VLAN 列表
vlan 10 99
[SW-port-group]quit                             //退出
```

4. DHCP 服务配置

开启核心设备的 DHCP 服务功能，创建用户的 DHCP 地址池。

```
[SW]dhcp enable                                 //开启 DHCP 服务
[SW]ip pool vlan10                              //创建 VLAN 10 的地址池
[SW-ip-pool-vlan10]network 192.168.10.0 mask 24 //配置分配的 IP 地址段
[SW-ip-pool-vlan10]gateway-list 192.168.10.254  //配置分配的网关地址
[SW-ip-pool-vlan10]dns-list 8.8.8.8             //配置分配的 DNS 地址
[SW-ip-pool-vlan10]quit                         //退出
[SW]interface Vlanif 10                         //进入 VLANIF 10 接口
[SW-Vlanif10]dhcp select global                 //DHCP 选择全局配置
[SW-Vlanif10]quit                               //退出
```

任务验证

（1）在交换机上使用"display ip interface brief"命令查看交换机的 IP 地址信息，如下所示。

```
<SW>display ip interface brief
*down: administratively down
^down: standby
(l): loopback
(s): spoofing
```

```
(E): E-Trunk down

The number of interface that is UP in Physical is 4

The number of interface that is DOWN in Physical is 1

The number of interface that is UP in Protocol is 4

The number of interface that is DOWN in Protocol is 1


Interface          IP Address/Mask          Physical     Protocol
MEth0/0/1          unassigned               down         down
NULL0              unassigned               up           up(s)
Vlanif10           192.168.10.254/24        up           up
Vlanif99           192.168.99.254/24        up           up
```

可以看到两个 VLANIF 接口都已经配置了 IP 地址。

（2）在交换机上使用"display port vlan"查看端口的 VLAN 信息，如下所示。

```
<SW>display port vlan

Port                    Link Type       PVID    Trunk VLAN List
--------------------------------------------------------------------------------
GigabitEthernet0/0/1    trunk           99      1 10 99
GigabitEthernet0/0/2    desirable       1       1-4094
GigabitEthernet0/0/3    desirable       1       1-4094
GigabitEthernet0/0/4    desirable       1       1-4094
```

可以看到 G0/0/1 的链路模式为"trunk"，并且 PVID 为"99"。

任务 6-2　微企业 AP 的配置

微企业 AP 的配置

任务描述

　　AP 的配置包括远程管理配置、VLAN 和 IP 地址配置、端口配置、WLAN 配置、天线配置等内容。

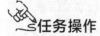任务操作

1. 远程管理配置

配置远程登录和管理密码。

```
<Huawei>system-view                          //进入系统视图
[Huawei]sysname AP1                          //配置设备名称
[AP]user-interface vty 0 4                   //进入虚拟链路
```

```
[AP-ui-vty0-4]protocol inbound telnet          //配置协议为 telnet
[AP-ui-vty0-4]authentication-mode aaa          //配置认证模式为 AAA
[AP-ui-vty0-4]quit                             //退出
[AP]aaa                                        //进入 AAA 视图
[AP-aaa]local-user admin password             //创建 admin 用户并配置密码为
irreversible-cipher Huawei@123                 Huawei@123
[AP-aaa]local-user admin service-type telnet   //配置用户类型为 telnet 用户
[AP-aaa]local-user admin privilege level 15    //配置用户等级为 15
[AP-aaa]quit                                    //退出
```

2. VLAN 和 IP 地址配置

创建 VLAN，配置 IP 地址作为 AP 管理地址。

```
[AP]vlan 10                                    //创建 VLAN 10
[AP-vlan10]name user                           //VLAN 命名为 user
[AP-vlan10]quit                                //退出
[AP]vlan 99                                     //创建 VLAN 99
[AP-vlan99]name mgmt                            //VLAN 命名为 mgmt
[AP-vlan99]quit                                //退出
[AP]interface Vlanif 99                         //进入 VLANIF 99 接口
[AP-Vlanif99]ip address 192.168.99.1 24         //配置 IP 地址
[AP-Vlanif99]quit                              //退出
[AP]ip route-static 0.0.0.0 0 192.168.99.254    //配置默认路由
```

3. 端口配置

配置与上联交换机互联的以太网物理端口为 Trunk 模式。

```
[AP]interface GigabitEthernet 0/0/0            //进入 G0/0/0 端口视图
[AP-GigabitEthernet0/0/0]port link-type trunk  //配置端口链路模式为 Trunk
[AP-GigabitEthernet0/0/0] port trunk pvid vlan 99  //配置端口默认 VLAN
[AP-GigabitEthernet0/0/0] port trunk allow-pass //配置端口放行 VLAN 列表
vlan 10 99
[AP-GigabitEthernet0/0/0]quit                  //退出
```

4. WLAN 配置

创建 SSID 配置文件并定义 SSID，创建 VAP 配置文件并关联 SSID 文件。

```
[AP]wlan                                        //进入 WLAN 视图
[AP-wlan-view]ssid-profile name SSID1           //创建 SSID1 配置文件
```

```
[AP-wlan-ssid-prof-SSID1]ssid Huawei              //定义 SSID

[AP-wlan-ssid-prof-SSID1]quit                     //退出

[AP-wlan-view]vap-profile name VAP1               //创建 VAP 配置文件

[AP-wlan-vap-prof-VAP1]service-vlan vlan-id 10    //配置 VAP 关联 VLAN

[AP-wlan-vap-prof-VAP1]ssid-profile SSID1         //配置 VAP 关联 SSID1 文件

[AP-wlan-vap-prof-VAP1]quit                       //退出到 WLAN 视图

[AP-wlan-view]quit                                //退出到系统视图
```

5. 天线配置

进入无线射频卡接口并关联 SSID。

```
[AP]interface Wlan-Radio 0/0/0                    //进入无线射频卡接口 0/0/0

[AP-Wlan-Radio0/0/0] undo vap-profile            //取消 WLAN 1 默认绑定的
default-ssid wlan 1                               VAP 文件

[AP-Wlan-Radio0/0/0]vap-profile VAP1 wlan 1       //WLAN 1 绑定 VAP 文件

[AP-Wlan-Radio0/0/0]quit                          //退出

[AP]interface Wlan-Radio 0/0/1                    //进入无线射频卡接口 0/0/1

[AP-Wlan-Radio0/0/1] undo vap-profile            //取消 WLAN 1 默认绑定的
default-ssid wlan 1                               VAP 文件

[AP-Wlan-Radio0/0/1]vap-profile VAP1 wlan 1       //WLAN 1 绑定 VAP 文件

[AP-Wlan-Radio0/0/1]quit                          //退出
```

任务验证

在 AP 上使用 "display vap all" 命令查看所有 VAP 信息，如下所示。

```
[AP]display vap all

Info: This operation may take a few seconds, please wait.

WID : WLAN ID

-------------------------------------------------------------------------------

AP MAC          RfID WID  BSSID          Status Auth type  STA   SSID

-------------------------------------------------------------------------------

c4b8-b469-32e0 0    1    C4B8-B469-32E0 ON     Open       0     Huawei

c4b8-b469-32e0 1    1    C4B8-B469-32F0 ON     Open       0     Huawei

-------------------------------------------------------------------------------

Total: 2
```

可以看到已经创建了 "Huawei" SSID。

任务 6-3　微企业无线局域网的安全配置

微企业无线局域网
的安全配置

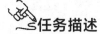任务描述

无线局域网的安全配置包括 WLAN 加密配置、隐藏 SSID 配置、全局白名单配置。

任务操作

1. WLAN 加密配置

对 WLAN 开启 WPA2 加密，设置 PSK。

`[AP]wlan`	//进入 WALN 视图
`[AP-wlan-view]security-profile name wpa2`	//创建安全加密配置文件
`[AP-wlan-sec-prof-wpa2]security wpa2 psk` `pass-phrase 12345678 aes`	//认证协议 WPA2，密码 为 12345678，加密方式为高级加密标准（Advanced Encryption Standard，AES）
`[AP-wlan-vap-prof- wpa2]quit`	//退出
`[AP-wlan-view] vap-profile name VAP1`	//进入 VAP 配置文件
`[AP-wlan-vap-prof-VAP1]security-profile wpa2`	//配置 VAP 关联安全加密文件
`[AP-wlan-vap-prof-VAP1]quit`	//退出

2. 隐藏 SSID 配置

将无线 SSID 调整为非广播模式。

`[AP-wlan-view]ssid-profile name SSID1`	//进入 SSID1 配置文件
`[AP-wlan-ssid-prof-SSID1]ssid-hide enable`	//配置 SSID 隐藏
`[AP-wlan-ssid-prof-SSID1]quit`	//退出

3. 全局白名单配置

配置白名单，允许合法用户接入。

`[AP-wlan-view]sta-whitelist-profile name` `whitelist`	//创建白名单配置文件
`[AP-wlan-whitelist-prof-whitelist]sta-mac` `0C82-680C-E699`	//允许接入 WLAN 的 MAC 地址，以测试 PC1 为准
`[AP-wlan-whitelist-prof-whitelist]quit`	//退出
`[AP-wlan-view]vap-profile name VAP1`	//进入 VAP1 配置文件

```
[AP-wlan-vap-prof-VAP1]sta-access-mode          //指定 STA 访问模式为白名单，
whitelist whitelist                             选择白名单文件
[AP-wlan-vap-prof-VAP1]quit                     //退出
```

任务验证

（1）在 AP 上使用"display vap all"命令查看所有的 VAP 信息，如下所示。

```
[AP]display vap all
Info: This operation may take a few seconds, please wait.
WID : WLAN ID
-----------------------------------------------------------------------------
AP MAC          RfID WID BSSID          Status  Auth type  STA  SSID
-----------------------------------------------------------------------------
c4b8-b469-32e0 0   1   C4B8-B469-32E0 ON       WPA2-PSK    0    Huawei
c4b8-b469-32e0 1   1   C4B8-B469-32F0 ON       WPA2-PSK    0    Huawei
-----------------------------------------------------------------------------
Total: 2
```

可以看到"Huawei"SSID 的认证类型已经变为"WPA2-PSK"。

（2）在 AP 上使用"display ssid name SSID1"命令查看 SSID1 配置文件信息，如下所示。

```
[AP]display ssid name SSID1
-----------------------------------------------------------------------------
Profile ID                   : 2
SSID                         : Huawei
SSID hide                    : enable
Association timeout(min)     : 5
Max STA number               : 64
Reach max STA SSID hide      : enable
Legacy station               : enable
DTIM interval                : 1
Beacon 2.4G rate(Mbps)       : 1
Beacon 5G rate(Mbps)         : 6
Deny-broadcast-probe         : disable
Probe-response-retry num     : 1
U-APSD                       : disable
```

```
Active dull client          : disable

MU-MIMO                     : disable

QBSS load                   : disable
----------------------------------------------------------------

WMM EDCA client parameters:
----------------------------------------------------------------

        ECWmax  ECWmin  AIFSN   TXOPLimit

AC_VO   3       2       2       47

AC_VI   4       3       2       94

AC_BE   10      4       3       0
```

可以看到"SSID hide"状态为"enable",表示已经隐藏了 SSID。

(3)在 AP 上使用"display sta-whitelist-profile name whitelist"命令查看白名单信息,如下所示。

```
[AP]display sta-whitelist-profile name whitelist
----------------------------------------------------------------

Index    MAC              Description
----------------------------------------------------------------

0        0c82-680c-e699
----------------------------------------------------------------

Total: 1
```

可以看到已经在白名单中添加了 MAC 地址"0c82-680c-e699"。

📝 项目验证

图 6-4　PC1 连接隐藏的网络

(1)用 PC1 连接隐藏的网络,输入"Huawei",单击"下一步"按钮,如图 6-4 所示。

(2)输入网络安全密钥,单击"下一步"按钮,如图 6-5 所示。

(3)按【Windows+X】组合键,在弹出的菜单中选择"Windows PowerShell"命令,打开"Windows PowerShell"窗口,使用"ipconfig"命令查看获取的 IP 地址信息,如图 6-6 所示。

(4)用 PC2 连接 SSID,将弹出"无法连接到这个网络"的提示,如图 6-7 所示。因为 PC2 并没有在白名单中,所以无法连接到 SSID。

图 6-5　输入网络安全密钥

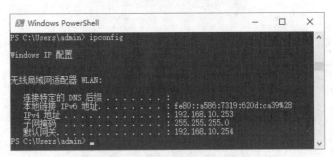

图 6-6　查看获取的 IP 地址信息

图 6-7　PC2 无法连接到 SSID

项目拓展

（1）WLAN 架构体系中，与无线网卡连接的设备为（　　　）。

    A．AP　　　　　　　　　　　　B．AC

    C．AS　　　　　　　　　　　　D．SW

（2）无线局域网的安全黑白名单配置可以基于（　　　）进行配置。

（多选）

项目实训题 6

    A．WIDS 模式　　B．MAC 地址　　　　C．SSID　　　　　　D．IP 地址

项目7
常见无线AP产品类型及典型应用场景

项目描述

随着"无线城市"等项目的逐步推进,无线网络覆盖项目在各行业全面铺开,我国将逐步实现城市无线网络全覆盖、城镇重点区域无线网络全覆盖。

部署无线网络是为了让用户能随时随地使用手机或者笔记本计算机等设备上网,拥有良好的上网体验。目前,在家庭、办公室、车站、会议室、体育馆等场所基本实现了无线网络覆盖。那么,在这些场所覆盖无线网络,使用的无线产品是不是都一样呢?显然不是,针对不同的无线网络的覆盖范围、人员密度、工作环境、接入带宽等需求,即不同的应用场景,厂商推出了不同的无线产品来解决无线网络覆盖问题。

在实际工作中,面对客户无线网络部署项目的具体需求,网络工程师需要根据无线网络应用场景选择合适的无线产品进行项目规划与设计,因此,网络工程师需要熟悉不同类型的无线产品和应用场景。

无线网络主要涉及以下产品。

(1)无线接入控制器(Access Controller,AC)。

(2)无线 AP,包括放装型无线 AP、面板式无线 AP、室外无线 AP、敏捷分布式无线 AP、轨道交通场景专用无线 AP。

(3)有源以太网(Power over Ethernet,PoE)供电设备,包括 PoE 交换机、PoE 适配器。

综合各类无线网络部署的项目经验,本项目将重点介绍以下典型无线网络部署应用场景。

(1)高校场景。

(2)酒店场景。

(3)医疗场景。

(4)轨道交通场景。

📝 项目相关知识

7.1 无线 AC

无线 AC 是一种网络设备，用于集中化控制无线 AP，是一个无线网络的核心，负责管理无线网络中的所有无线 AP。对无线 AP 的管理包括下发配置、修改相关配置参数、射频智能管理、接入安全控制等。无线 AC 产品（华为 AC6005-8）外观如图 7-1 所示。

图 7-1　无线 AC 产品（华为 AC6005-8）外观

无线 AC 可以管理多个 AP，根据管理 AP 的数量、接入带宽、转发能力等指标的差异，厂商提供了多种型号的产品供用户选择，华为常见的无线 AC 产品及主要参数见表 7-1。

表 7-1　华为常见的无线 AC 产品及主要参数

产品型号	接入带宽	转发能力	可管理用户数	工作频段	最大 AP 管理数
AC6005	1Gbit/s	4Gbit/s	2048	2.4 GHz 和 5GHz	256
AC6605	1Gbit/s	10Gbit/s	10240	2.4 GHz 和 5GHz	1024
AC6805	1Gbit/s	40Gbit/s	65536	2.4 GHz 和 5GHz	6144

7.2 放装型无线 AP

放装型无线 AP 是 WLAN 市场上通用性最强的产品之一。放装型无线 AP 产品（华为 AP4050DN）外观如图 7-2 所示。该产品的主要特点为接入带宽高、可接入用户数大，是典型的高密度场景部署产品。因此，放装型无线 AP 适用于建筑结构较简单、无特殊阻挡物品、用户相对集中的场景和接入用户数较大的区域，例如会议室、图书馆、教室、休闲中心等场景。该类型设备可根据不同环境灵活部署。

针对最高速率、推荐/最大接入数等性能指标，厂商推出了不同性能的产品。例如，华为主要的放装型无线 AP 产品见表 7-2。

图 7-2　放装型无线 AP 产品（华为 AP4050DN）外观

表 7-2　华为主要的放装型无线 AP 产品

产品型号	最大功耗	最高速率	无线协议标准	推荐/最大接入数
AP1050DN-S	8.1W	633Mbit/s	IEEE 802.11a/b/g/n/ac/ac Wave2	32/256
AP4050DN	12.1W	1.267Gbit/s	IEEE 802.11a/b/g/n/ac/ac Wave2	64/512
AP6050DN	22.9W	2.53Gbit/s	IEEE 802.11a/b/g/n/ac/ac Wave2	64/512

　　放装型无线 AP 一般安装在室内，在有吊顶的室内环境部署时，通常采用吊顶安装，其他环境通常采用壁挂式安装。

7.3　面板式无线 AP

　　面板式无线 AP 是一款胖瘦一体化的迷你型无线 AP。它采用国标 86mm 面板设计，可以安装到 86 底盒上。常见的面板式无线 AP 和 86 底盒外观如图 7-3 所示。

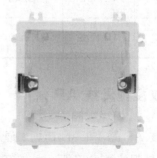

（a）面板式无线 AP　　　　　　　　　（b）86 底盒

图 7-3　面板式无线 AP 和 86 底盒外观

　　在无线网络建设中，常常会遇到一些单位已经部署了有线网络的情况。由于无线网络的部署也需要进行综合布线，施工较为麻烦且有可能破坏原有的室内外装饰，因此，很多单位都希望能利用原有的有线网络进行无线网络部署，这既能满足增加无线网络覆盖的需求，同时也能确保原有有线网络的正常使用。

PoE 也被称为基于局域网的供电系统，它可以利用已有以太网线缆传送数据，同时还能提供直流供电。由于它在部署弱电系统时可以避免部署强电，因此被广泛应用于 IP 电话、网络摄像机、无线 AP 等基于 IP 地址的终端的部署。

因此，基于 PoE 技术可以利用原有有线网络来部署无线网络，只需要以下 3 个步骤就能快速实现无线网络覆盖。

（1）将楼层配线间的交换机更换为 PoE 交换机或者增加 PoE 适配器。

（2）拆去房间内原有的有线网络的接口面板。

（3）将原有网线插在面板式无线 AP 上。

PoE 技术打破了以往无线网络建设的老旧方式，无须部署新的网线，有效利用了既有的网络，将对酒店、办公室等实际环境的影响降到最低。

面板式无线 AP 的性能通常与它的大小成正比，属于仅供少量用户在较小区域接入的无线产品，针对酒店、办公室、宿舍等不同应用场景，厂商推出了不同类型的产品。例如，华为主要的面板式无线 AP 产品见表 7-3。

表 7-3　华为主要的面板式无线 AP 产品

产品型号	最大功耗	最高速率	无线协议标准	推荐/最大接入数
AP2030DN	8.7W	1.167Gbit/s	IEEE 802.11a/b/g/n/ac/ac Wave2	8/64
AP2050DN	11.5W	1.267Gbit/s	IEEE 802.11a/b/g/n/ac/ac Wave2	32/256

7.4　室外无线 AP

室外无线 AP 一般采用全密闭防水、防尘、阻燃外壳设计，适合在极端的室外环境中使用，可有效避免室外恶劣天气和环境影响，可高度适应我国北方寒冷天气与南方潮湿天气对设备的苛刻要求。

它适合部署在体育场、校园、企业园区等室外环境中，一般采用抱杆式安装。室外无线 AP 的构成包括室外 AP 主机、天线、防雷器等，如图 7-4 所示。

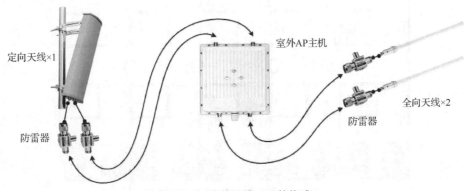

定向天线×1

室外AP主机

全向天线×2

防雷器

防雷器

图 7-4　室外无线 AP 的构成

室外无线 AP 可以部署在楼顶或者楼宇中部，可结合全向天线和定向天线一起使用。在楼顶安装室外无线 AP 如图 7-5 所示，在楼宇中部安装室外无线 AP 如图 7-6 所示。

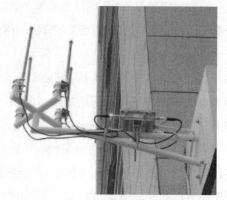

图 7-5　在楼顶安装室外无线 AP　　　　图 7-6　在楼宇中部安装室外无线 AP

针对最高速率、推荐/最大接入数等性能指标，厂商推出了不同性能的产品。例如，华为主要的室外无线 AP 产品见表 7-4。

表 7-4　华为主要的室外无线 AP 产品

产品型号	最大功耗	最高速率	无线协议标准	推荐/最大接入数
AP8050DN	18W	1.267Gbit/s	IEEE 802.11a/b/g/n/ac/ac Wave2	64/512
AP8150DN	18W	1.73Gbit/s	IEEE 802.11a/b/g/n/ac/ac Wave2	64/512

7.5　敏捷分布式无线 AP

在一些高密度部署的项目中，如果部署 3 台以上 AP，AP 间的相互干扰将导致无线网络访问性能下降。例如，在宿舍或酒店进行无线网络覆盖时，在走廊部署了 4 台 AP，如图 7-7 所示。

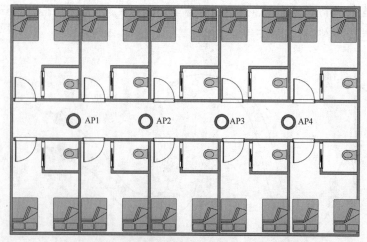

图 7-7　宿舍或酒店放装型无线 AP 点位设计

图 7-7 所示的无线 AP 点位设计将导致以下问题。

（1）走廊是一个相对密闭的空间，无线信号除了可以直接覆盖外，还可以通过有效的反射覆盖整个走廊。由于这 4 台 AP 至少有两台处在同一个频段，因此，这两台同频段的 AP 发射的信号将高度重叠并导致严重的信号冲突。

（2）房间内用户接入走廊 AP 时需要穿过厚重的墙壁，信号较弱，用户接入速率较低，如果同时接入的用户数较多，那么用户接入速率将更低。

由此可知，在宿舍、酒店等大面积、长条型无线覆盖场景中，若在走廊部署 3 台以上放装型无线 AP 是不合理的。如果采用面板式无线 AP，改为在每个房间里部署一台面板式无线 AP，那么可以避免走廊信号冲突和房间信号弱、吞吐量低的问题。在无线信号覆盖上，华为敏捷分布式 Wi-Fi 方案类似面板式无线 AP，它由中心 AP、远端单元和网线组成，中心 AP 支持 PoE 供电，可以直连多个部署到室内的远端单元。中心 AP 和远端单元使用网线连接，中心 AP 对远端单元进行统一管理，集中处理业务转发。华为敏捷分布式远端单元支持 2×2 MIMO 和两条空间流，内置智能天线，信号随用户而动，极大地增强了用户对无线网络的使用体验，支持吸顶、挂墙等安装方式，部署灵活，适用于学校、酒店、医院和办公室等房间密度大、墙体结构复杂的场景。中心 AP 产品外观如图 7-8 所示，远端单元产品外观如图 7-9 所示。

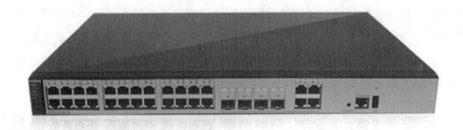

图 7-8　中心 AP 产品外观

图 7-9　远端单元产品外观

针对最高速率、推荐/最大接入数等性能指标，厂商推出了不同性能的产品。例如，华为主要的敏捷分布式无线 AP 产品见表 7-5。

表 7-5　华为主要的敏捷分布式无线 AP 产品

产品型号	最大功耗	最高速率	无线协议标准	推荐/最大接入数
AD9430DN （中心 AP）	N/A	4Gbit/s	IEEE 802.11a/b/g/n/ac/ac Wave2	1024/4096
R450D （远端单元）	12.1W	1.267Gbit/s	IEEE 802.11a/b/g/n/ac/ac Wave2	32/256
R251D （远端单元）	13.6W	1.267Gbit/s	IEEE 802.11a/b/g/n/ac/ac Wave2	32/256

7.6　轨道交通场景专用无线 AP

轨道交通场景专用无线 AP 是新一代 IEEE 802.11ac 车载型双频无线 AP，支持 3×3 MIMO，采用工业级 M12 防震接口，满足《铁路应用——机车车辆上使用的电子设备》（EN 50155）要求，支持快速切换技术，满足车地回传和车厢覆盖的网络部署要求。它外置双频天线，天线方向可灵活调整，保证车厢中网络覆盖率；采用先建链后切换的"软切换"技术，实现车地通信链路快速切换，同时尽可能地降低切换过程中的丢包率；采用高等级材质，整体散热设计，电源、以太网接口采用工业级 M12 防震接头，满足防震标准和防水、防火要求，符合《铁路应用——机车车辆上使用的电子设备》规定的部署要求。轨道交通场景专用无线 AP 产品外观如图 7-10 所示。

图 7-10　轨道交通场景专用无线 AP 产品外观

针对最高速率、最大接入数等性能指标，厂商推出了不同性能的产品。例如，华为主要的轨道交通场景专用无线 AP 见表 7-6。

表 7-6 华为主要的轨道交通场景专用无线 AP

产品型号	最大功耗		最高速率	无线协议标准	最大接入数	天线类型
	车厢覆盖场景	轨旁单5G 场景				
AP9131DN	17.5W	12.5W	1.75Gbit/s	IEEE 802.11a/b/g/n/ac/ac Wave2	256	外置双频合路天线
AP9132DN	17.5W	12.5W	1.75Gbit/s	IEEE 802.11a/b/g/n/ac/ac Wave2	256	分路模式：2.4GHZ 天线，5GHZ 天线 合路模式：双频合路天线

项目实践

随着 Wi-Fi 终端的普及和 WLAN 建设规模的逐步增加，用户对 WLAN 的使用越来越广泛，业务需求呈多样化。场景化解决方案面向 WLAN 多样化的应用场景，可有针对性地推出产品形态与部署方式。目前 WLAN 的主要应用场景有以下几类。

（1）校园：这类场景属于大型、综合性场景，通常包括教学楼、图书馆、食堂、学生公寓、教师宿舍、体育馆、操场等室内外场所。

（2）会展中心：这类场景是指以流动人员为主的、人流量较大的场所，包括人才中心等区域。

（3）商务办公楼：这类场景通常总体面积较大，建筑物高度适中，无线网络覆盖范围内包括会议室、餐厅、办公区等场所。

（4）酒店：此类场景中建筑物高度或面积根据酒店档次存在差异，需重点覆盖客房、大堂、会议厅、餐厅、娱乐休闲场所。

（5）产业园区：产业园区通常包括大型工业区的厂房、办公楼、宿舍等楼宇及室外区域，场景特征与校园场景类似。

（6）住宅小区：此类场景通常楼层结构多样，楼内用户普遍安装有线网络，无线网络可作为辅助手段对住宅区进行覆盖。

（7）商业区：此类场景涵盖的对象比较多，包括繁华商业区的街道、休息点、休闲娱乐场所、沿街商铺等对象，其特点是人员流动性强，与会展中心场景类似。

不同的 WLAN 场景具有不同的用户和网络应用特点，在进行网络规划设计时应区别对待。不同的 WLAN 场景及其特点见表 7-7。

表 7-7 不同的 WLAN 场景及其特点

场景类型	场景特点
校园	用户密度高，网络质量要求较高，并发用户多，内外网流量均较大
会展中心	用户密度极高，突发流量大，网络质量要求较高，并发用户多，用户相互隔离

续表

场景类型	场景特点
商务办公楼	用户密度高，网络质量要求高，持续流量大，内外网流量均较大
酒店	用户密度低，并发用户少，持续流量较小，覆盖区域小，用户相互隔离
产业园区	用户密度高，并发用户少，持续流量小，用户相互隔离
公共场所	用户密度高，并发用户多，持续流量小，用户相互隔离

　　针对不同的无线应用场景特点，需要选择不同类型、性能、功能的 AP 产品，下面将介绍几个典型应用场景的 AP 部署方案。

任务 7-1　高校场景

　　高校需要部署的区域主要有教师办公室、普通教室、阶梯教室、图书馆、大礼堂、学生宿舍、校园户外区域等。本任务将选择几个典型场景进行分析和提供 AP 部署建议。

1. 教师办公室

　　教师办公室场景如图 7-11 所示。

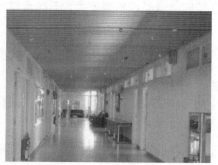

图 7-11　教师办公室场景

　　（1）场景特点

　　① 建筑格局：主要分为两种格局，多窗通透型和无窗封闭型（窗户在房间里内侧，对着室内走廊）。

　　② 应用类型：门户网站、办公自动化、视频等。

　　③ 终端类型：智能手机和笔记本计算机。

　　④ 并发数量：通常每个办公室在 15 人以下，限速 4Mbit/s。

　　（2）推荐方案

　　① 多窗通透型部署方案：采用放装部署方式，每两间办公室中间无线 AP 吸顶安装于横梁上，双边办公室则考虑在对门 4 间办公室中间安装。但需要注意的是走廊安装不能超过 3 台 AP，如果超过，则应将 AP 安装到室内。

　　② 无窗封闭型部署方案：采用面板式无线 AP，每个办公室安装一台。

③ AP 选型：该场景部署属于低密度部署，放装型无线 AP 根据无线接入性能可以选择 AP1050DN-S、AP3010DN 等，面板式无线 AP 根据需求可以选择 AP2030DN、AP2050DN 等。

④ 供电方案：PoE 供电。可以选择 PoE 交换机 S5720-28P-PWR-LI-AC 或 S5720-12TP-PWR-LI-AC，如果预算充足，建议统一用 S5720-28P-PWR-LI-AC，便于后续扩容。

⑤ 注意事项：放装型无线 AP 吊顶安装时，需考虑吊顶材质。若为无机复合板、石膏板，信号衰减较小，可安装于吊顶内；若为铝制板，信号衰减较大，建议安装于天花板下。

2．普通教室

普通教室场景如图 7-12 所示。

图 7-12　普通教室场景

（1）场景特点

① 建筑格局：玻璃大窗，教室通透，通常有 40～80 个座位。

② 应用类型：QQ、微信、门户网站、搜索引擎、校园信息化系统等。

③ 终端类型：智能手机为主，少量笔记本计算机。

④ 并发数量：通常按座位数的 50%～60% 计算，限速 2Mbit/s。

⑤ 其他需求：访问控制列表（Access Control List，ACL）等特殊需求需与校方确认。

（2）推荐方案

① 部署方案：该场景部署属于高密度部署，可以采用放装型无线 AP，每两间教室部署一台 AP，吸顶安装于两教室中间的墙壁上，或者在走廊部署，但需要注意的是走廊部署数量不能超过 3 台。

② AP 选型：放装型无线 AP 根据无线接入性能可以选择 AP4050DN、AP1050DN-S 等。

③ 供电方案：PoE 供电，可以选择 PoE 交换机 S5720-28P-PWR-LI-AC 或 S5720-12TP-PWR-LI-AC，如果预算充足，建议统一用 S5720-28P-PWR-LI-AC，便于后续扩容。

④ 注意事项：如果教室窗户较小、教室相对封闭，建议进行信号覆盖效果实地测试。

3．阶梯教室、图书馆

阶梯教室场景如图 7-13 所示，图书馆内景如图 7-14 所示。

图 7-13　阶梯教室场景　　　　　　　　图 7-14　图书馆内景

（1）场景特点

① 建筑格局：空间开阔，阶梯教室座位数通常为 100～300，图书馆不同区域座位数量不同，有柱子和书架等障碍物。

② 应用类型：QQ、微信、门户网站、搜索引擎、校园信息化系统等。

③ 终端类型：智能手机、笔记本计算机。

④ 并发数量：阶梯教室通常按座位数的 50%计算，图书馆通常按座位数的 60%～70%计算，限速 2Mbit/s。

（2）推荐方案

① 部署方案：该场景部署属于高密度部署，可以采用放装型无线 AP。每间教室部署 1～3 台 AP，图书馆优先考虑阅读区信号覆盖。

② AP 选型：放装型无线 AP 根据无线接入性能可以选择 AP4050DN、AP6050DN 等。

③ 供电方案：PoE 供电可以选择 PoE 交换机 S5720-28P-PWR-LI-AC 或 S5720-12TP-PWR-LI-AC，如果预算充足，建议统一用 S5720-28P-PWR-LI-AC，便于后续扩容。

④ 注意事项：放装型无线 AP 吊顶安装时，需考虑吊顶材质，若为无机复合板、石膏板，信号衰减较小，可安装于吊顶内；若为铝制板，信号衰减较大，建议吸顶安装，安装于天花板下。

4．大礼堂

大礼堂室内场景如图 7-15 所示。

图 7-15　大礼堂室内场景

（1）场景特点

① 建筑格局：空间非常宽敞，座位密集，通常有 600～800 个座位。

② 应用类型：QQ、微信、门户网站等。

③ 终端类型：智能手机为主。

④ 并发数量：通常按座位数的 50%～60% 计算，限速 2Mbit/s。

（2）推荐方案

① 部署方案：该场景部署属于高密度部署，可以采用放装型无线 AP，根据大礼堂的大小应部署 3 台以上 AP，AP 安装位置可以是吊顶，也可以是座位下方。

② AP 选型：放装型无线 AP 根据无线接入性能可以选择 AP6050DN 等高配置产品。

③ 供电方案：PoE 供电，可以选择 PoE 交换机 S5720-28P-PWR-LI-AC 或 S5720-12TP-PWR-LI-AC，如果预算充足，建议统一用 S5720-28P-PWR-LI-AC，便于后续扩容。

④ 注意事项：在该方案中，每一台 AP 周围都有大量的用户接入，且 AP 之间可能负载不均。同时，由于 AP 间距较小，AP 间会产生较大的同频干扰。因此，在部署中可以调整 AP 的发射功率，减小 AP 的覆盖范围，降低同频干扰，同时应设置 AP 接入用户数的上限，并开启负载均衡。

5. 学生宿舍

学生宿舍场景如图 7-16 所示。

图 7-16　学生宿舍场景

（1）场景特点

① 建筑格局：房间密集，混凝土墙体厚，相对封闭。

② 应用类型：门户网站、网游、视频、搜索引擎、校园信息化系统等。

③ 终端类型：智能手机、笔记本计算机。

④ 并发数量：每个房间 4～8 人，限速 3～4Mbit/s。

（2）推荐方案

① 部署方案：该场景部署属于高密度部署，宿舍通常为狭长型，不适合采用走廊放装

型无线 AP 部署，可以采用敏捷分布式无线 AP 部署方案。如果预算充足，也可以采用面板式无线 AP，每间宿舍一台。

② AP 选型：根据无线接入性能可以选择 AD9430DN（中心 AP）加上 R450D（远端单元），或 AP2050DN 面板式无线 AP。

③ 供电方案：PoE 供电，可以选择 PoE 交换机 S5720-28P-PWR-LI-AC 或 S5720-12TP-PWR-LI-AC，如果预算充足，建议统一用 S5720-28P-PWR-LI-AC，便于后续扩容。

6. 校园户外区域

教学楼广场和体育场场景如图 7-17 所示。

（a）教学楼广场　　　　　　　　　　（b）体育场

图 7-17　教学楼广场和体育场场景

（1）场景特点

① 建筑格局：空旷、"地广人稀"。

② 应用类型：社交软件 QQ、微信，手机新闻软件。

③ 终端类型：智能手机。

④ 并发数量：并发数量不定，通常以信号覆盖为主，实际长时间逗留在该区域上网的人数不多。

（2）推荐方案

① 部署方案：该场景部署属于无线覆盖优先项目，以信号覆盖为主，接入用户数较少。考虑到是户外覆盖项目，通常采用室外无线 AP，并将室外无线 AP 安装于楼顶或周边较高的灯杆上，在目标覆盖区域中央与室外无线 AP 之间视距内无遮挡物，按照全向天线半径 150m、定向天线半径 200m、距离水平波瓣 60° 参考指标进行覆盖。

② AP 选型：室外无线 AP 根据无线接入性能可以选择 AP8050DN、AP8150DN 等室外无线 AP，并根据无线 AP 位置和覆盖区域选择定向天线或全向天线。

③ 供电方案：PoE 适配器供电或楼层 PoE 交换机供电。

④ 注意事项：选择室外无线 AP 安装位置时，尽可能选择相对较高的位置，从上往下覆盖，且尽可能确保目标覆盖区域中央与室外无线 AP 之间视距内无遮挡物，否则覆盖效果可能会大打折扣。

任务 7-2　酒店场景

酒店需要部署的区域主要有客房、大堂、会议室等。本任务将选择两个典型场景进行分析和提供 AP 部署建议。

1. 客房

酒店走廊及室内场景如图 7-18 所示。

（a）酒店走廊　　　　　　　　　　　　　　　（b）酒店室内

图 7-18　酒店走廊及室内场景

（1）场景特点

① 建筑格局：房间密集，靠近走廊侧无窗，卫生间通常位于入门左右侧，基本每个房间均有有线网络接口。

② 应用类型：各类应用均有可能。

③ 终端类型：智能手机、平板计算机、笔记本计算机。

④ 并发数量：每个房间 1~2 人，限速 4Mbit/s。

（2）推荐方案

① 部署方案：面板式无线 AP。若预算充足，则建议每个房间部署一台 AP；若预算不足，则需现场实测，一台 AP 通常最多可兼顾相邻的两个房间。

② AP 选型：面板式无线 AP，例如 AP2030DN、AP2050DN。

③ 供电方案：PoE 供电，可以选择 PoE 交换机 S5720-28P-PWR-LI-AC 或 S5720-12TP-PWR-LI-AC，如果预算充足，建议统一用 S5720-28P-PWR-LI-AC，便于后续扩容。

④ 注意事项：选取 AP2030DN 安装点位时，需避免安装在电视机后面或被其他电器、金属遮挡，如果一台 AP 同时覆盖两个房间，建议在另一个房间做现场测试，以确保信号覆盖质量。

2. 大堂

酒店大堂内景如图 7-19 所示。

图 7-19　酒店大堂内景

（1）场景特点

① 建筑格局：空旷，包括前台、休息区。

② 应用类型：社交软件 QQ、微信，手机新闻软件。

③ 终端类型：智能手机、平板计算机、笔记本计算机。

④ 并发数量：并发数量不定，主要供休息区人员上网，以信号覆盖为主。

（2）推荐方案

① 部署方案：该场景部署属于无线覆盖优先项目，以信号覆盖为主，接入用户数较少，可以采用放装型无线 AP，要求外观美观、AP 安装位置前方无遮挡，根据酒店大堂面积选择合适的 AP 个数即可。

② AP 选型：放装型无线 AP，例如 AP1050DN-S、AP4050DN。

③ 供电方案：PoE 供电，可以选择 PoE 交换机 S5720-12TP-PWR-LI-AC 或 PoE 适配器。

任务 7-3　医疗场景

医院需要部署的区域主要有住院区、手术室、门诊区、办公区等。本任务选择住院区和手术室这两个典型场景进行分析，并提供 AP 部署建议。

1. 住院区

住院区内景如图 7-20 所示。

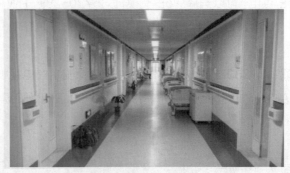

图 7-20　住院区内景

（1）场景特点

① 建筑格局：房间密集，靠近走廊侧无窗，卫生间通常位于入门左右侧。

② 应用类型：移动医护查房系统。

③ 终端类型：平板计算机居多，少量笔记本计算机。

④ 并发数量：每个科室 8～10 台平板计算机，2～3 台小推车式笔记本计算机，并发率约为 60%～70%。

（2）推荐方案

① 部署方案：敏捷分布式无线 AP。

② AP 选型。

• 中心 AP 选择 AirEngine 9700D-M、AD9430DN-24。

• 远端单元选择 R450D、R250D 或 R250D-E。

③ 供电方案：PoE 供电，可以选择 PoE 交换机 S5720-28P-PWR-LI-AC 或 S5720-12TP-PWR-LI-AC，如果预算充足，建议统一用 S5720-28P-PWR-LI-AC，便于后续扩容。

④ 注意事项：移动医护查房系统对带宽要求不高，但对丢包敏感。丢包会导致平板计算机中移动医护软件业务卡顿，因此在方案选型时应避免出现漫游丢包问题，如使用多 AP 部署方式则容易出现该问题。此外，平板计算机对信号要求较高（-60dBm 以上），因此远端单元要尽可能放置到病房中间，开通测试时，尽量采用医用个人数字助理（Personal Digital Assistant，PDA）设备进行测试。

2. 手术室

手术室内景如图 7-21 所示。

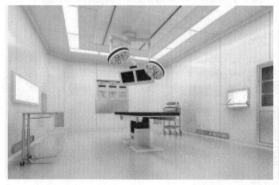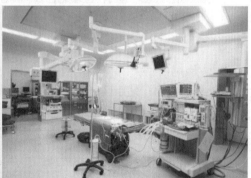

图 7-21　手术室内景

（1）场景特点

① 建筑格局：房间密闭性高，对防菌、安全级别要求很高，不允许施工动作。

② 应用类型：医疗无线应用。

③ 终端类型：医疗无线终端。

④ 并发数量：每个房间 1～2 台。

（2）推荐方案

① 部署方案：面板式无线 AP，在原有网线接口的基础上进行面板替换，尽可能减少施工对原环境的影响。

② AP 选型：面板式无线 AP，例如 AP2030DN。

③ 供电方案：PoE 供电，可以选择 PoE 交换机 S5720-28P-PWR-LI-AC 或 S5720-12TP-PWR-LI-AC，如果预算充足，建议统一用 S5720-28P-PWR-LI-AC，便于后续扩容。

任务 7-4 轨道交通场景（场景化 AP）

轨道交通场景需要部署的区域主要有站厅、站台、隧道、车厢、电梯、办公区等。本任务将选择几个典型场景进行分析，并提供 AP 部署建议。

1. 站厅和站台

地铁站厅和站台内景如图 7-22 所示。

（a）站厅　　　　　　　　　　　　　　　（b）站台

图 7-22　地铁站厅和站台内景

（1）场景特点

① 建筑格局：站厅区域空旷，障碍物少，AP 覆盖面积广。站台区域一般比较空旷，有利于信号传输，且区域较小，通常一台 AP 即可完美覆盖。这样的区域处于两侧电梯中间，一般一个站台约 2～4 个这样的区域。

② 应用类型：视频、社交软件、门户网站等。

③ 终端类型：手机、平板计算机为主，少量笔记本计算机。

④ 并发数量。

• 标准车站站台、站厅的网络容量：每位用户应具备 1Mbit/s 网络带宽，每个车站站厅按照 200 名旅客同时接入和并发应用规划，因此该站厅应具备最大 200Mbit/s 设计带宽。

• 大型车站站台、站厅的网络容量：每位用户应具备 1Mbit/s 网络带宽，每个车站站厅按照 400 名旅客同时接入和并发应用规划，因此该站厅应具备最大 400Mbit/s 设计带宽。

• 大型换乘车站站台、站厅的网络容量：每位用户应具备 1Mbit/s 网络带宽，每个车站站厅按照 600 名旅客同时接入和并发应用规划，因此该站厅应具备 600Mbit/s 设计带宽。

（2）推荐方案

① 部署方案：该场景无线覆盖效果好，人员密度高，站厅可部署 2～3 台 AP，站台层各区域部署 1 台 AP。

② AP 选型：可针对不同站台部署 3 种不同性能的放装型无线 AP，例如 AP1050DN-S、AP4050DN、AP6050DN。

③ 供电方案：PoE 供电，可以选择 PoE 交换机 S5720-12TP-PWR-LI-AC 或 PoE 适配器。

④ 注意事项：由于目前多数基于通信的列车自动控制系统（Communication Based Train Control System，CBTC）、乘客信息系统（Passenger Information System，PIS）均采用 2.4GHz 频段，因此，AP 频段规划，特别是 2.4GHz 频段，使用前应注意申请使用频段，以满足信号覆盖要求。为了避免与其他系统干扰，部署 AP 时应尽量远离站台的屏蔽门。

2. 隧道

地铁隧道内景如图 7-23 所示。

图 7-23　地铁隧道内景

（1）场景特点

① 建筑格局：隧道环境潮湿、粉尘多，轨道旁安装了很多带电设备，电压为 220V。

② 应用类型：用于车地桥接。

（2）推荐方案

① 部署方案：地铁车厢运行中和线路上的 AP 互联，根据项目测试经验，建议按表 7-8 所示的地铁隧道 AP 部署原则进行部署。

表 7-8　地铁隧道 AP 部署原则

线路属性	最佳部署距离	极限距离
直道	160～200m	300m
$R \leqslant 400m$ 的弯道	100～110m	140m
$400m < R \leqslant 800m$ 的弯道	110～130m	160m
$R > 800m$ 的弯道	按直道处理	按直道处理

注：R 为弯道的曲率半径。

② AP 选型：轨道交通无线 AP，例如 AP9131DN 或 AP9132DN。

③ 供电方案：PoE 适配器供电或电源直接供电。

④ 注意事项：地铁隧道 AP 部署原则上要与 CBTC、PIS、民用通信系统等保持 15～30m 的间距，AP 安装位置要求无漏水、滴水，隧道的凹槽位置禁止安装。

3. 车厢

地铁车厢内景及 AP 部署示意如图 7-24 所示。

（a）地铁车厢内景

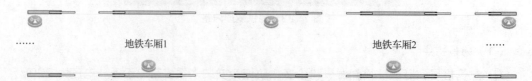

（b）AP 部署示意

图 7-24　地铁车厢内景及 AP 部署示意

（1）场景特点

① 建筑格局：列车车厢空旷。

② 应用类型：在线视频、社交软件、门户网站等。

③ 终端类型：手机、平板计算机为主，少量笔记本计算机。

④ 并发数量：每节车厢按照 100 名旅客同时接入和并发应用，每位用户应具备 1Mbit/s 内网带宽，车厢接入用户按照 50% 并发访问外网，每个接入用户有 200kbit/s 外网访问带宽。每列车应具备 60Mbit/s 外网访问带宽，再加上车载服务器的数据同步以及后续可能的服务扩展和扩容要求，要求每列车的车地带宽应达到 400Mbit/s 以上。

（2）推荐方案

① 部署方案：AP 一般安装在列车两边的挡板里。

② AP 选型：AP9131DN 或 AP9132DN，一节车厢一台 AP。

③ 供电方案：使用车内工业交换机对 AP 进行 PoE 供电。

④ 注意事项：列车车厢覆盖，每节车厢一台 AP，每台 AP 的天线均匀布放在车厢两边的挡板里面，需要考虑挡板对信号衰减的影响。

4．电梯

电梯井内景如图 7-25 所示。

图 7-25　电梯井内景

（1）场景特点

① 建筑格局：电梯井垂直封闭，电梯材质通常为铁皮，信号屏蔽效果较强。观光电梯通常为透明玻璃材质，信号穿透效果相对较好。电梯容纳人数 10～13 人。

② 应用类型：社交软件 QQ、微信，手机新闻软件，多媒体广告。

③ 终端类型：智能手机、多媒体广告终端。

④ 并发数量：多媒体终端 1 个，智能手机 5～6 部。

（2）推荐方案

① 部署方案：电梯场景中无法对电梯进行布线，可以采用 AP 桥接部署。将根桥 AP 安

装于电梯井顶端，非根桥 AP 安装于电梯顶端，使用 5GHz 射频卡进行桥接，2.4GHz 射频卡进行电梯内信号覆盖。

② AP 选型：AP9131DN 或 AP9132DN。

③ 供电方案：PoE 适配器供电。

④ 注意事项：电梯井层数不超过 22 层，若高于 22 层，建议进行实地测试，验证部署效果。

项目拓展

（1）某学校新建了一个羽毛球馆，可容纳 5000 名观众，以下适合部署在球馆内的 AP 类型是（　　）。

项目实训题 7

A. 放装型无线 AP　　　　　　　B. 面板式无线 AP

C. 敏捷分布式无线 AP　　　　　D. 室外无线 AP

（2）某公司的财务办公室有 3 名办公人员，需要接入网络的设备有计算机、网络打印机、传真机等，以下最合适的无线 AP 为（　　）。

A. AP2030DN　B. AD9430DN　　C. AP4050DN　　D. AP6050DN

（3）某快捷酒店为满足客户无线网络接入需求，近期请地勘工程师对现场做了勘察，发现客房沿走廊呈对称布局，客房入口设有洗漱间。该场景适合采用的无线 AP 有（　　）。

A. AP2030DN　B. AD9430DN　　C. AP4050DN　　D. AP6050DN

（4）酒店无线场景应用中，用户无线上网的典型特征或要求包括（　　）。（多选）

A. 用户密度低　B. 并发用户少　　C. 覆盖区域小　　D. 用户相互隔离

（5）校园网无线场景中，用户无线上网的典型特征或要求包括（　　）。（多选）

A. 用户密度高　B. 并发用户多　　C. 内网流量较大　D. 外网流量较大

（6）室内无线覆盖为了美观可以选择的天线类型是（　　）。

A. 杆状天线　　B. 抛物面天线　　C. 吸顶天线　　D. 平板天线

项目8
会展中心无线网络的
建设评估

项目描述

　　某会展中心应参展活动需求搭建无线网络环境以便支持即将开展的会展活动。展会区域为 5000m² 的开阔空间，分为两个展区，展会人流量预计为每小时 300 人，接入密度较大。同时，展会还提供无线视频直播服务，该服务对 AP 的吞吐量性能有较高要求。为此，主办单位决定在展区使用无线网络进行网络覆盖。Jan16 公司派工程师小勘到会展中心进行现场勘察，并给出项目建设评估方案。

　　一个新建无线网络项目的部署，首先需要到现场进行勘察，获取需要进行无线网络覆盖的建筑平面图，具体涉及以下工作任务。

　　（1）获取建筑平面图。

　　（2）确定覆盖目标。

　　（3）AP 选型。

项目相关知识

8.1　建筑平面图

　　获取建筑平面图有以下方法。

　　（1）从基建部门等获取电子建筑平面图（一般为 VSD 或 CAD 格式）。

　　（2）从信息化部门等获取图片格式的建筑平面图。

　　（3）从档案中心等获取建筑平面图纸。

　　（4）找到楼层消防疏散图。消防疏散图用于标注楼层的消防通道，它一般张贴在楼层最明显的位置，在无法直接获得建筑平面图的情况下，可以对它进行拍照，然后在其基础上进行建筑平面图的绘制。

　　（5）手绘草图。若以上几种方法都行不通，只能到客户现场进行现场测绘。现场测绘需要准备好激光测距仪、卷尺、笔、纸等工具。

通常，获取的建筑平面图都需要进行进一步处理，使其成为适合网络工程使用的图纸。网络工程图纸特点如下。

（1）建筑平面图需要完整的尺寸标注，精度在20cm以内。

（2）需要绘制完整的墙、窗户、门、柱子、消防管等影响无线覆盖及与综合布线工程有关的建筑物。

（3）必要时，还需要标注建筑物吊顶、弱电井、弱电间、原有弱电布线情况。

（4）可以不绘制桌椅、楼梯、卫生间等与网络工程无关的建筑物。

8.2 覆盖区域

结合现场勘测结果和建筑图纸，明确无线网络的主要覆盖区域和次要覆盖区域，重点针对用户集中上网区域做覆盖规划。覆盖目标一般分为以下3类。

（1）主要覆盖目标：用户集中上网区域，例如宿舍房间、图书馆、教室、酒店房间、大堂、会议室、办公室、展厅等人员集中场所。这些覆盖目标的信号强度要求为-65～-45dBm。

（2）次要覆盖目标：无上网需求区域不做重点覆盖，例如卫生间、楼梯、电梯、过道、厨房等区域。这些覆盖目标的信号强度要求不低于-75dBm。

（3）特殊覆盖目标：客户指定的覆盖区域或不允许覆盖的区域。信号强度要求按客户具体需求而定。

8.3 无线网络接入用户的数量

在评估无线网络接入用户的数量时，一般以场景满载时人数的60%～70%（经验值）进行估算。工程师基于大量的工程经验针对不同场景提出了以下计算方法。

（1）基于座位：教室、图书馆、大礼堂等场景可以按座位全部坐满即满载评估，座位数为满载人数。校园阶梯教室场景如图8-1所示。

图8-1 校园阶梯教室场景

（2）基于床位：酒店、学生宿舍等场景一般以一个床位 2 个终端（手机+笔记本计算机）进行估算，即满载为床位数量的 2 倍。学生宿舍场景、酒店室内场景如图 7-16、图 7-18（b）所示。

（3）其他计算方法：按照人流量进行估算，一般选择人流量较多的时候的人流量作为参考，满载为高峰时期该场景所能容纳的人数。地铁站台就是典型的根据高峰时期人流量进行估算的场景。

8.4 用户无线上网的带宽

用户使用的应用不同，所需带宽也不同，工程师需要根据用户使用应用的情况对用户无线上网平均带宽进行评估。下面列举了常见网络应用所需的带宽。

（1）流畅浏览网页所需带宽：搜狐首页文件大小约 1MB，京东首页文件大小约 1.4MB，按 5s 打开网页计算，浏览搜狐首页需要 1.6Mbit/s 带宽，浏览京东首页需要 2.2Mbit/s 带宽。由于用户并不会持续打开网页，据统计，大部分网页流畅浏览需要带宽约 512kbit/s。

（2）观看互联网视频所需带宽：可以参考优酷、土豆等网站给出的建议，即 1Mbit/s 选择标清，2Mbit/s 选择高清。

（3）即时通信（Instant Messaging，IM）应用所需带宽：以微信为例，纯文字聊天 1 条信息约 1KB，1s 的语音文件约 2KB；后台保持状态每小时消耗 50～60KB 的流量；图片文件情况需要根据图片大小而定，13s 的视频压缩文件大约为 270KB。以此推算，512kbit/s 的带宽足以满足微信聊天的需求。

（4）玩网络游戏所需带宽：《魔兽世界》需要约 2Mbit/s 带宽；其他网络游戏，例如《穿越火线》，100kbit/s 带宽就可以流畅地玩。

8.5 AP 选型

在获得无线覆盖目标的建筑平面图、覆盖区域、无线网络接入用户数量和用户无线上网带宽的需求后，可以先根据用户建筑环境特点和自身预算确定 AP 产品类型，主要有放装型、面板式、室外等 AP 类型。如果预算紧张，则可以用一台面板式无线 AP 覆盖两个房间，或者在走廊放置 1～3 台放装型无线 AP 覆盖整个楼层。关于 AP 产品类型与部署场景等内容，可以参考项目 7。

选定 AP 产品类型后，再根据接入用户数量和吞吐量要求选择 AP 产品型号和数量。

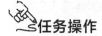

项目实践

任务 8-1　获取建筑平面图

任务描述

由于会展中心负责人未能提供会展中心的平面图纸，所以地勘工程师小勘需要在现场快速草绘一张会展中心的图纸，记录相关数据；之后采用绘图软件 Visio 绘制建筑平面图。

任务操作

1. 绘制会展中心现场草图

地勘工程师经前期电话沟通了解到会展中心负责人手上并没有该建筑的任何图纸。因此，小勘经预约，在约定时间携带激光测距仪、笔、纸、卷尺等设备到达了现场，边开展现场调研工作边绘制草图。

经 1h 左右，小勘已经草绘了一张会展中心的图纸，如图 8-2 所示。

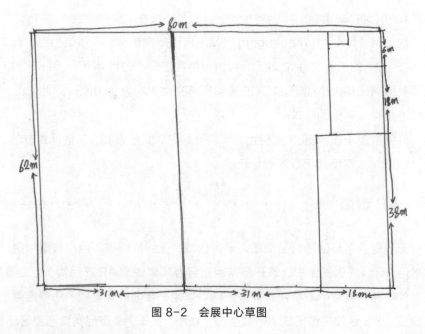

图 8-2　会展中心草图

同时，小勘在现场环境调研后确认现场环境，并反馈给网络工程师。调研结果具体如下。

（1）2 个展区均有铝制板吊顶。

（2）会议室和办公室没有吊顶。

（3）展区人流量主要集中在展台附近。

2．绘制电子图纸

根据现场绘制的草图在 Visio 中绘制电子图纸。

（1）打开 Visio，并进行页面设置，将绘图缩放比例设置为 1∶350，如图 8-3 所示。

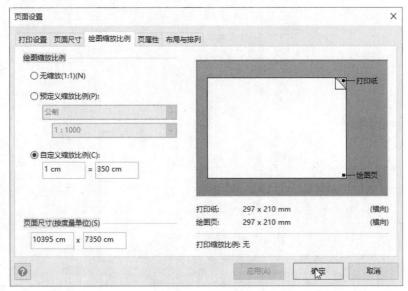

图 8-3　页面设置

（2）根据草图绘制墙体，如图 8-4 所示。

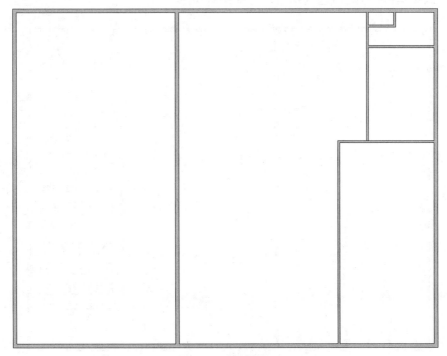

图 8-4　绘制墙体

（3）在墙体上绘制门、窗，如图 8-5 所示。

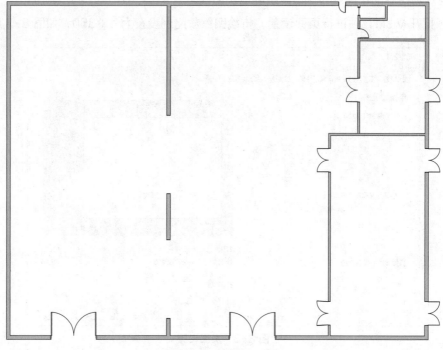

图 8-5　绘制门、窗

（4）绘制桌椅、讲台等室内用品，如图 8-6 所示。

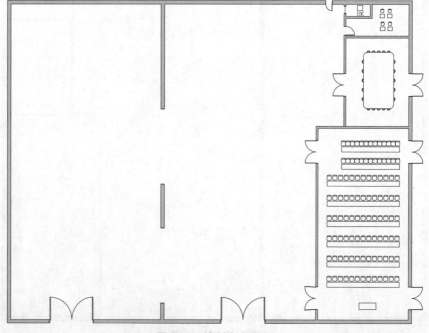

图 8-6　绘制室内用品

（5）使用标尺对主要墙体的尺寸进行标注，如图 8-7 所示。

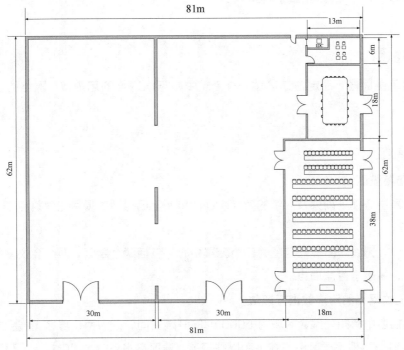

图 8-7　标注尺寸

（6）使用文本框对每个房间或区域进行标注，完成电子平面图的绘制，如图 8-8 所示。

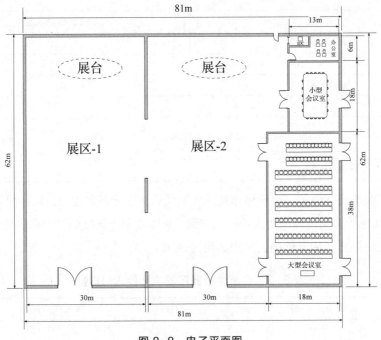

图 8-8　电子平面图

任务 8-2　确定覆盖目标

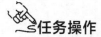任务描述

针对建筑平面图，确定覆盖区域，对会展中心无线网络的用户数、网络的吞吐量进行评估。

任务操作

1. 确定覆盖区域

通过会展中心现场勘察及后续的建筑平面图绘制，已得到本项目的建筑电子平面图，如图 8-8 所示。

本项目中，无线网络覆盖范围为整个会展中心，包括两个展区、两个会议室和一个会展中心办公室，属于全覆盖项目。

2. 对无线网络的用户数进行评估

从项目描述中得知，展会区域为 5000m² 的开阔空间，分为两个展区，展会人流量预计为每小时 300 人。根据展区业务特征和以往经验，展区最多可容纳 2000 人，预计高峰期参展人数在 900 人左右。会展中心各时段预计参展人数见表 8-1。

表 8-1　会展中心各时段预计参展人数

时间	预计参展人数
9:00～10:00	300
10:00～11:00	600
11:00～13:00	900
13:00～14:00	600
14:00～15:00	900
15:00～16:00	600
16:00～17:00	300

网络工程师最终同会展中心信息部负责人确认，本次无线覆盖将按以往经验，按高峰期参展人数的 70%计算无线网络接入用户的数量，并针对每个区域做了细化的统计，统计结果见表 8-2，最终确定无线网络接入用户数约为 636。

表 8-2　会展中心各区域 AP 接入用户数

无线覆盖区域	接入用户数
展区-1	250
展区-2	250

续表

无线覆盖区域	接入用户数
大型会议室	100
小型会议室	30
办公室	6

3．对无线网络的吞吐量进行评估

通过与会展中心信息部沟通，展会将会在两个会议室和两个展区的展台区域提供视频直播服务，在其他区域则为用户提供实时通信、微信、视频、搜索引擎、门户网站等应用接入服务。

根据业务调研结果，参考以往业务应用接入所需带宽的推荐值，经会展信息中心信息部确认，会展中心为视频直播服务提供不低于 10Mbit/s 的无线接入带宽，为参展用户提供最高 512kbit/s 的无线接入带宽，为办公区域用户提供最高 2Mbit/s 的无线接入带宽。会展中心各区域无线接入带宽需求见表 8-3。

表 8-3　会展中心各区域无线接入带宽需求

无线覆盖区域	接入用户数	AP 接入带宽
展区-1	250	140Mbit/s
展区-2	250	140Mbit/s
大型会议室	100	65Mbit/s
小型会议室	30	25Mbit/s
办公室	6	12Mbit/s

会展中心的无线信号需要为视频直播服务、参展用户和办公区域用户提供不同的无线接入带宽，网络工程师决定设置多个 SSID，每个 SSID 限制不同的传输速率。最终确定各 SSID 信息见表 8-4。

表 8-4　SSID 信息

接入终端	SSID	是否加密	最低传输速率	最高传输速率
视频直播	Video-wifi	是	10Mbit/s	
参展用户	Guest-wifi	否		512kbit/s
办公用户	Office-wifi	是		2Mbit/s

任务 8-3　AP 选型

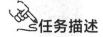

任务描述

确定覆盖目标后，需要根据建筑特点、覆盖目标、接入用户数和吞吐量等因素进行 AP 选型。

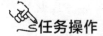**任务操作**

1. AP 类型选择

从项目描述得知，展会区域为 5000m² 的开阔空间，分为两个展区。因此，可以选用适合在室内大开间高密度部署的放装型无线 AP。

2. AP 型号选择

网络工程师已经通过任务 8-2 得知展会无线网络接入用户数约为 636，整体接入带宽为 400Mbit/s 左右。结合表 8-5 所示的华为主要的放装型无线 AP 产品，可以得知本项目无线网络覆盖以覆盖及接入数为主。因此，网络工程师将在每个展区部署 3 台 AP6050DN、在大型会议室部署 1 台 AP6050DN、在小型会议室和办公室部署一台 AP1050DN-S 来满足无线信号的覆盖及接入数需求。会展中心各区域 AP 部署数量见表 8-6。

表 8-5　华为主要的放装型无线 AP 产品

产品型号	发射功率	吞吐量	工作频段	推荐/最大接入数
AP1050DN-S	≤100mW	633Mbit/s	2.4GHz 和 5GHz	32/256
AP4050DN	≤100mW	1.267Gbit/s	2.4GHz 和 5GHz	64/512
AP6050DN	≤100mW	2.53Gbit/s	2.4GHz 和 5GHz	96/512

表 8-6　会展中心各区域 AP 部署数量

无线覆盖区域	AP 接入数量	AP 接入总带宽	AP 型号	数量
展区-1	250	140Mbit/s	AP6050DN	3
展区-2	250	140Mbit/s	AP6050DN	3
大型会议室	100	65Mbit/s	AP6050DN	1
小型会议室	30	25Mbit/s	AP1050DN-S	1
办公室	6	12Mbit/s		

项目验证

项目建设评估后，需要整理每个任务的输出内容，包括建筑平面图、SSID 信息表、AP 部署数量表等。建筑电子平面图如图 8-8 所示，SSID 信息、AP 部署数量见表 8-4、表 8-6。

项目拓展

（1）以下属于获取无线覆盖建筑平面图的途径的有（　　　）。（多选）

　　A. 向基建部门等获取电子建筑平面图（一般为 VSD 或 CAD 格式）

项目实训题 8

B. 向信息化部门等获取图片格式的建筑平面图

C. 向档案中心等获取纸质建筑平面图纸

D. 找到楼层消防疏散图

（2）确定覆盖区域时，覆盖区域一般分为（　　　）。（多选）

A. 主要覆盖目标　　　　　　　　B. 次要覆盖目标

C. 特殊覆盖目标　　　　　　　　D. 无须覆盖目标

（3）重点区域的信号覆盖强度要求是（　　　）。

A. -40～-65dBm　　　　　　　　B. -50～-75dBm

C. -40～-75dBm　　　　　　　　D. -40～-80dBm

项目9
会展中心无线网络的设计与规划

项目描述

  某会展中心应参展活动需求搭建无线网络环境以便支持即将开展的会展活动。现已获取会展中心的建筑平面图，并完成了无线项目的建设评估，下一步需要进行无线网络的设计与规划。

  进行无线网络的设计与规划，具体涉及以下工作任务。

  （1）AP 点位设计。

  （2）AP 信道规划。

项目相关知识

9.1　AP 点位设计与信道规划

  使用 WLAN Planner 进行 AP 点位设计与信道规划，包含以下几个步骤。

  （1）创建无线网络工程。

  （2）导入建筑图纸。

  （3）根据场景和用户需求选择合适的产品（已在建设评估项目"AP 选型"中完成）。

  （4）根据需求和现场调研情况，进行 AP 点位设计。

  （5）通过信号模拟仿真（按信号强度），调整、优化 AP 位置，实现重点区域无线网络高质量覆盖。

  （6）进行 AP 信道规划，并通过信号模拟仿真（按信道冲突），调整 AP 信道和功率，实现高质量无线覆盖。

  但 WLAN Planner 毕竟是一款模拟仿真软件，它仅能针对墙体、窗户等少量障碍物做无线信号衰减模拟。考虑到无线覆盖场景的复杂性，还需要了解常见的障碍物对无线信号衰减的影响情况，具体见表 9-1。

表 9-1　常见的障碍物对无线信号衰减的影响情况

障碍物	衰减程度	示例
开阔地	无	演讲厅、操场
木制品	低	内墙、办公室隔断、门、地板
石膏	低	内墙（新的石膏比老的石膏对无线信号的影响大）
合成材料	低	办公室隔断
石棉	低	天花板
玻璃	低	没有色彩的窗户
金属色彩的玻璃	低	带有色彩的窗户
人的身体	中等	一大群人
水	中等	潮湿的木头、玻璃缸、有机体
砖块	中等	内墙、外墙、地面
大理石	中等	内墙、外墙、地面
陶瓷制品	高	陶瓷瓦片、地面
混凝土	高	地面、外墙、承重梁
镀银	非常高	镜子
金属	非常高	办公桌、办公隔断、混凝土、电梯、文件柜、通风设备

2.4GHz 无线信号带宽低，电磁波传输距离远，穿透障碍物能力较强；5GHz 无线信号带宽高，电磁波传输距离近且穿透能力较差。以 2.4GHz 无线信号为例，它对各种建筑障碍物的穿透损耗的经验值如下。

- 墙（砖墙厚度为 100～300mm）：20～40dB。
- 楼层地板：30dB 以上。
- 木制家具、门和其他木板隔墙：2～15dB。
- 厚玻璃（12mm）：10dB。

在衡量 AP 信号对墙壁等建筑障碍物的穿透损耗时，需考虑 AP 信号入射角度：一面 0.5m 厚的墙壁，当 AP 信号和覆盖区域之间直线连接呈 45° 入射时，相当于约 0.7m 厚的墙壁；呈 30° 入射时，相当于超过 1m 厚的墙壁。所以要获取更好的接收效果，应尽量使 AP 信号能够垂直（呈 90°）穿过墙壁或天花板。

9.2　无线地勘存在的风险及应对策略

1. 覆盖风险

覆盖风险即 AP 部署后信号强度可能无法满足用户应用需求。覆盖风险会严重影响用户的业务和体验，所以在地勘阶段应确保重点区域的无线覆盖信号质量。如果用户未给出无线覆盖信号强度的具体要求，则工程师可以根据表 9-2 所示的不同用户类型的重点覆盖区域的信号强度指标进行规划设计。表 9-2 中的信号强度指标为工程经验值。

表 9-2　不同用户类型的重点覆盖区域的信号强度指标

序号	用户类型	信号强度指标	说明
1	教育行业	-75dBm	-75dBm 对手机用户来说，观看视频体验不会太好
2	政府金融行业	-70dBm	实时性要求高，无线质量要求较高
3	医疗行业	-65dBm	PDA 设备对信号要求高

2. 未知 STA 风险

用户使用的重要 STA 是未知的设备（如一些医用的 PDA），导致无法判断其性能，进而无法判断覆盖信号强度要求，目前已知的无线 STA 的信号强度要求见表 9-3。

表 9-3　无线 STA 的信号强度要求

无线 STA 类型	信号强度要求
笔记本计算机或者非关键应用的手机	-75dBm
重要的笔记本计算机以及少量手机	-70dBm
承载关键应用的手机或者 PDA	-65dBm

如果承载用户关键应用的手机或者 PDA 并非常见的手机或者 PDA，那么必须进行实地测试。例如，经测试，-65dBm 的信号强度不能满足用户应用需求，那么信号强度指标可以提到-60dBm 甚至更高，直到满足用户应用需求为止。

3. 带点数风险

带点数是指 AP 的接入用户数。AP 基于共享式的无线网络进行通信，接入用户数越多，每一个 STA 的带宽越低。如果过载，则可能导致 STA 接入速率较低和丢包率较高，用户上网体验较差。

例如，在广州地铁，用户可以很方便地接入地铁 Wi-Fi，享受免费的上网服务。由于每一列地铁的接入带宽是有限的，在平时，用户接入地铁 Wi-Fi，每一个 STA 上网速率在 512kbit/s 左右，但在上下班高峰期，如果所有乘客都接入地铁 Wi-Fi，则 AP 接入数量将过载，乘客会体验到上网极慢，甚至时断时续。这是典型的 AP 带点数过大所带来的用户接入风险。为解决该问题，通常采取的策略就是限制每一个 AP 的最高接入用户数。地铁 Wi-Fi 通过限制 AP 的带点数，确保接入用户的上网质量，虽然不能满足更多用户接入的需求，但提高了用户的上网体验和接入质量。

因此，带点数风险主要评估 AP 携带 STA 的数量是否超过要求。常见的场景和解决方案如下。

（1）AP 覆盖范围内的带点数在业务高峰期可能超过 AP 上限，导致 STA 上网拥塞。这种情况下，如果预算充裕，可以通过增加 AP 数量来解决；如果预算紧张，则可以通过设置 AP 接入上限来解决。

（2）AP 覆盖范围内的 STA 数量无法统计，仅根据经验值进行部署，这可能导致 AP 接入用户数过载。这种情况下，可以通过设置 AP 接入上限来解决。

4．射频干扰风险

射频干扰风险是指来自其他射频系统或者同频大功率设备的干扰。因此在地勘阶段，工程师要在无线部署现场和甲方确认无线射频环境，主要确认内容如下。

（1）是否存在其他 Wi-Fi 系统。

（2）是否存在其他工作在 2.4GHz 和 5GHz 频段的业务系统和大功率基站设备。

（3）是否存在微波炉等大功率设备。

在地勘阶段就了解现场射频环境有利于及时调整、优化无线解决方案，规避风险。

5．未知应用风险

在无线地勘阶段，如果网络工程师仅依靠经验评估用户的应用和流量，并基于此来规划无线网络，那么极有可能导致新建的无线网络无法承载用户的业务应用。或者是工程师做了初步调研但忽略或低估了一些用户的常见应用，而这些应用所需的流量大且持续时间较长，那么这将导致新建的无线网络无法承载用户业务应用。

因此，地勘阶段同甲方一起确认用户业务需求和进行流量评估非常重要，可以极大降低未知应用风险。与流量有关的风险必须在地勘阶段确认。

6．同频干扰风险

当 AP 工作的频段中有其他设备进行工作时，就会产生同频干扰。同频干扰风险主要存在以下情况。

（1）AP 被非 WLAN 设备干扰，会导致 AP 丢包重传，因为干扰设备不遵守冲突检测退避机制。其中较常见且影响较大的非 WLAN 设备为微波炉。

（2）在一台 AP 处检测到的另一台同频 AP 的信号强度高于 -75dBm，且工作在同一信道，即可认为这两台 AP 互相同频干扰。同频干扰通常很难避免，这会导致双方都因为退避而各损失一部分流量。这种情况下，可以通过优化 AP 频道或调整 AP 功率降低同频干扰效果。

7．隐藏结点风险

隐藏结点风险同样是由 WLAN 系统中的冲突检测与退避机制造成的。冲突检测与退避机制的基础就是两个发送端必须能互相"听"到，也就是在对方的覆盖范围之内，当两个数据发送端互相"听"不到的时候，这两个数据发送端就成为了隐藏结点。

通常，隐藏结点分为以下 3 种情形。

（1）STA 之间互为隐藏结点。

STA 之间互为隐藏结点常见于 AP 的部署范围过大的情况，如图 9-1 所示，两个 STA

在发送数据时不能侦测到对方是否占用信道，这导致 AP 会同时收到两个 STA 的数据报，显然 AP 收到的是非有效数据（两个 STA 信号的叠加）。

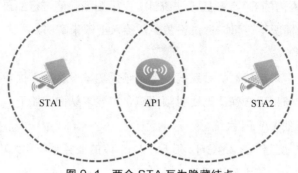

图 9-1　两个 STA 互为隐藏结点

普通 STA 应用通常以下行流量为主，所以隐藏结点发送信号的概率较低，对一般业务应用的危害较小；但如果 STA 有大量的迅雷、BT、P2P 等应用，它们会产生大量的上行流量，严重时会导致网络出现速率降低或者丢包的问题。目前，禁用相关应用与限速是比较有效的优化手段。

（2）AP 之间互为隐藏结点。

当 STA 位于两台 AP 中间，AP1 和 AP2 同时为 STA 提供服务时会出现 AP 互为隐藏结点情况。两台 AP 互为隐藏结点如图 9-2 所示。

图 9-2　两台 AP 互为隐藏结点

在实际部署中，STA 通常会选择其中一台 AP 为其提供无线接入服务，其位于两台 AP 中间的情况，通常是在 STA 在移动且触发了 AP 漫游时发生，所以在实际部署中不太容易出现两台 AP 互为隐藏结点的情况。

（3）AP 与 STA 互为隐藏结点。

AP 的下行流量较大，发送信号的概率高，所以很容易与 STA 冲突。AP 和 STA 互为隐藏结点如图 9-3 所示。在走廊部署放装型无线 AP 解决方案中，AP1 与 STA1 发送数据时，STA2 和 AP4 也在发送数据。这时，AP4 同时收到两路信号，因相互干扰而无法正常接收到 STA2 发送的信号。

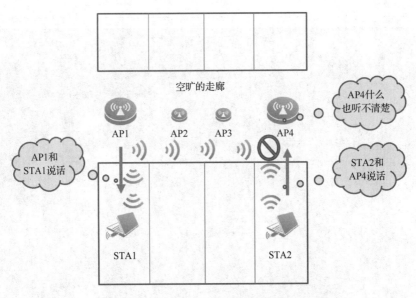

图 9-3 AP 和 STA 互为隐藏结点

AP 与 STA 互为隐藏结点的危害较大，由于其不仅存在隐藏结点问题，还存在同频干扰问题，所以推荐通过以下两个优化方案来解决。

- 在不影响用户接入质量的情况下，适度降低两个 AP 的功率，减少冲突域。
- 改用敏捷分布式或面板式解决方案替代放装型无线解决方案，这样同频干扰和隐藏结点问题均可以有效解决。

项目实践

任务 9-1 AP 点位设计

任务描述

使用 WLAN Planner 导入建筑电子平面图，并进行 AP 点位设计。

任务操作

1. 登录 ServiceTurbo Cloud 平台

在浏览器输入网址进入 ServiceTurbo Cloud 平台，如图 9-4 所示。在主页右上角单击"登录"按钮，打开"登录"页面，如图 9-5 所示。可使用华为账号或者 Uniportal 账号登录，如果没有 Uniportal 账号，单击"注册"按钮即可进行账号注册。

图 9-4　ServiceTurbo Cloud 平台

图 9-5　"登录"页面

2. 打开 WLAN Planner 工具

登录成功后在 ServiceTurbo Cloud 主页单击"工具应用市场"页签，再单击"WLAN Planner"打开 WLAN Planner 工具，如图 9-6 所示。

• 华为账号中，授权服务合作伙伴（Authorized Service Partner，ASP）和企业网络的认证服务合作伙伴（Certified Service Partner，CSP）账号默认具有 WLAN Planner 的使用权限。

• 如无权限，单击"WLAN Planner"右下角"解锁"图标，如图 9-7 所示。按照提示填写申请信息，提交之后可以在"我的工作台"—"我的申请"—"权限申请"查看审批进度。

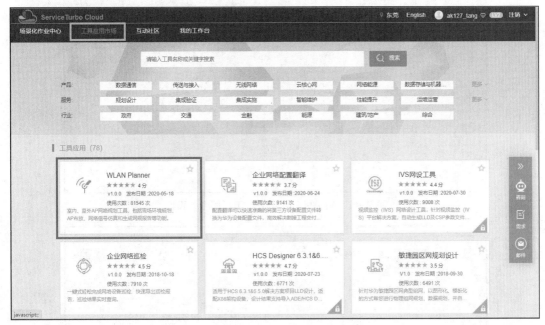

图 9-6　工具应用市场

图 9-7　"WLAN Planner"

3．创建新项目

打开 WLAN Planner 工具后，"工具简介"页面如图 9-8 所示。在页面左上方单击"创建"按钮，在弹出的"项目信息"对话框中填写项目名称、地区部等信息，如图 9-9 所示。单击"确定"按钮，完成新项目创建。

4．新建楼栋

完成新项目创建后，自动跳转到该项目的"规划"页面，并弹出"新建"对话框。在"类型"选项中选择"室内"单选按钮，在"楼栋名称"文本框中输入"会展中心"。单击"选择场景"按钮，弹出"选择场景"对话框，如图 9-10 所示，选择"展会"并单击"确定"按钮关闭对话框。再单击"选择文件"按钮，导入电子平面图"会展中心.jpg"，如图 9-11 所示。单击"确定"按钮完成新建楼栋，如图 9-12 所示。

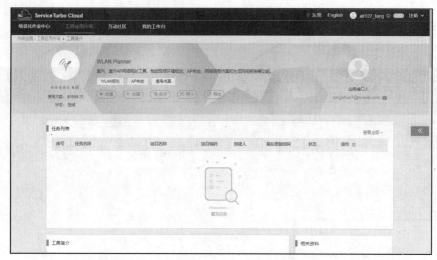

图 9-8　WLAN Planner "工具简介" 页面

图 9-9　"项目信息" 对话框

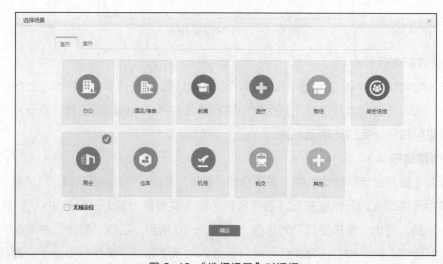

图 9-10　"选择场景" 对话框

图 9-11　导入电子平面图

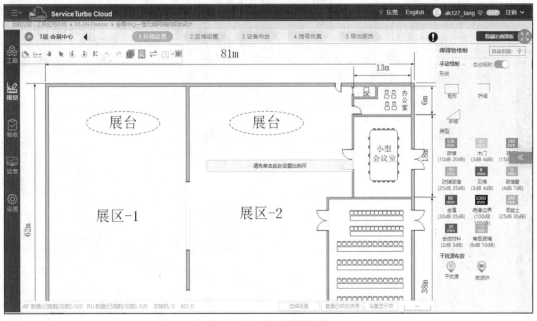

图 9-12　完成新建楼栋

5．设置比例尺

在图 9-12 中单击"请先单击此处设置比例尺"按钮，设置比例尺，如图 9-13 所示。

6．绘制障碍物

进行环境设置，如图 9-14 所示。用户可通过页面右侧工具栏中的"障碍物绘制"—"手动绘制"来设置墙体、窗户等障碍物，也可以通过自动识别功能进行识别。

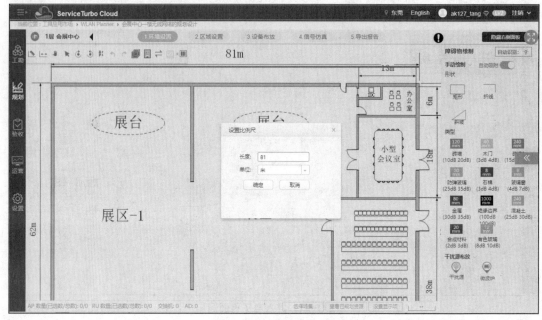

图 9-13　设置比例尺

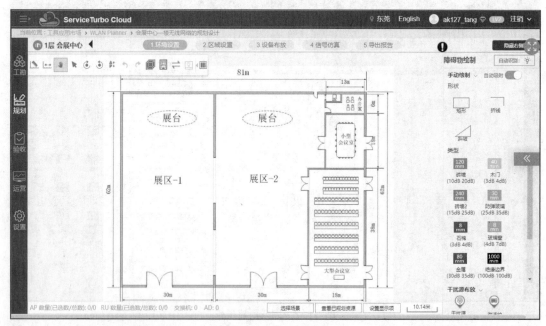

图 9-14　环境设置

7．识别障碍物

单击"自动识别"按钮，弹出"警告"对话框，如图 9-15 所示。单击"清空"按钮，弹出"障碍物属性"对话框，填入对应参数后单击"确定"按钮完成障碍物识别，如图 9-16所示。

图 9-15 "警告"对话框

图 9-16 "障碍物属性"对话框

8．手动调整障碍物

自动识别可能会造成对障碍物的错误识别，手动调整障碍物如图 9-17 所示。

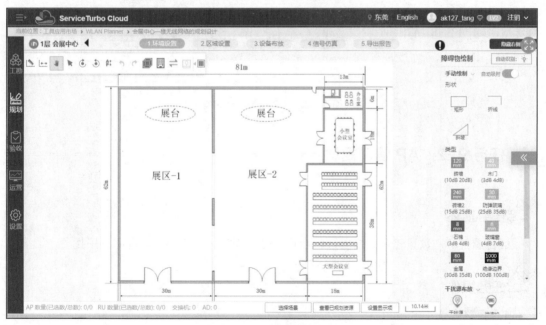

图 9-17 手动调整障碍物

9．设备布放

单击页面上方的"3.设备布放"页签进行 AP 点位设计。小勘通过现场环境调研发现，展厅有铝制吊顶，因此 AP 可采用吊顶安装；会议室和办公室没有吊顶，可采用壁挂式安装。

117

同时，考虑到展区人群基本集中在展台附近，因此在 AP 点位设计时在展台附近部署 2 台 AP，入口处部署 1 台。AP 点位设计参考如图 9-18 所示。

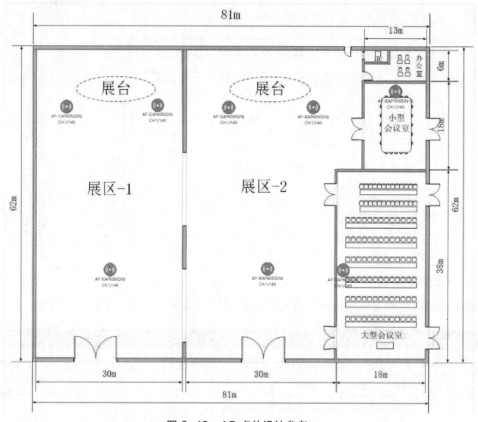

图 9-18　AP 点位设计参考

任务 9-2　AP 信道规划

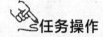**任务描述**

因部署的 AP 数量较多，需要进行合理的信道规划，避免 AP 之间同频干扰。

任务操作

1. 调整信道

WLAN Planner 工具部署的 AP 默认都工作在信道 1，用户还需要针对现场 AP 部署密度进行信道和功率调整。在各 AP 上单击鼠标右键，在弹出的快捷菜单中选择"属性"命令，如图 9-19 所示。弹出"AP 属性"对话框，可对 AP 的工作信道和功率进行调整，如图 9-20 所示。

图 9-19 选择"属性"命令

图 9-20 对 AP 的工作信道和功率进行调整

网络工程师需要根据"1、6、11 原则"对 AP 进行信道调整。同时,考虑到展台附近 AP 距离较近,属高密度部署场景,在信号覆盖已满足需求情况下,可以通过降低 AP 的功率来减少同频干扰。

2．打开仿真图

调整完 AP 的信道和功率后,在图 9-17 所示的页面中单击"4.信号仿真"页签,在图 9-21 所示的右侧工具栏中单击"打开仿真图"按钮,可以按信号强度、传输速率、信道冲突等方式查看 AP 覆盖效果。

3．仿真效果

图 9-22 为按信号强度(2.4GHz)显示的信号覆盖热图。结果显示,该会展中心重点区域实现了信号强度-70dBm 的信号全覆盖,展台区域的 AP 功率较低,在一定程度上降低了信道冲突的风险。

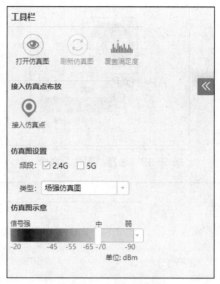

图 9-21　右侧工具栏

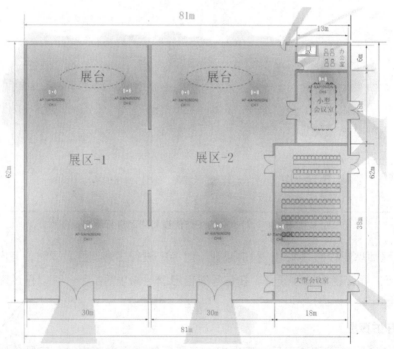

图 9-22　按信号强度（2.4GHz）显示的信号覆盖热图

项目验证

通过 WLAN Planner 工具确定 AP 点位后，小勘需要输出一份 AP 点位与信道确认图纸，并同会展中心网络管理部确认，如图 9-23 所示。

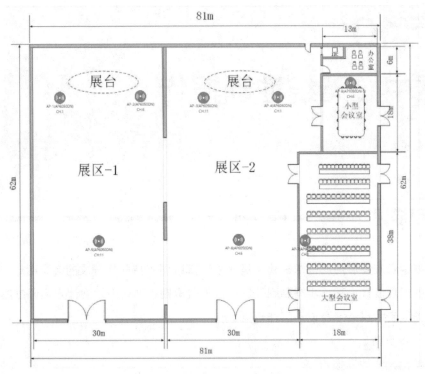

图 9-23　AP 点位与信道确认图纸

项目拓展

（1）以下材质中对信号衰减程度最高的是（　　　）。

　　A. 石膏　　　　　　　　　　　B. 金属

　　C. 混凝土　　　　　　　　　　D. 砖石

（2）在无线地勘中，我们需要注意的风险有（　　　）。（多选）

　　A. 覆盖风险　　　　　　　　　B. 同频干扰风险

　　C. 隐藏结点风险　　　　　　　D. 带点数风险

　　E. 未知 STA 风险　　　　　　　F. 射频干扰风险

　　G. 特殊应用风险

项目实训题 9

（3）为了避免同频干扰，以下信道规划方案合理的有（　　　）。（多选）

　　A. 1、6、11　　B. 2、7、12　　C. 3、8、13　　D. 4、10、14

（4）以下材质中对信号衰减影响最小的是（　　　）。

　　A. 石棉　　　　　B. 人体　　　　　C. 砖墙　　　　　D. 金属

项目10
会展中心无线地勘报告
输出

10

 项目描述

  某会展中心应参展活动需求搭建无线网络环境以便支持即将开展的会展活动。现已完成无线网络的规划设计，下一步需要到现场进行无线复勘，确认规划设计方案通过后，即可导出无线地勘报告。具体涉及以下工作任务。

  （1）无线复勘。

  （2）输出无线地勘报告。

 项目相关知识

10.1 复勘的必要性

  通过 WLAN Planner 工具看到的无线信号覆盖质量有可能与在现场部署时的实际情况不一致，存在一定的无线覆盖质量隐患。特别是在预算紧张的覆盖项目中，有些区域可能覆盖信号较弱。因此，对于符合以下情况的无线网络规划项目，建议工程师都要到现场进行无线复勘。

  （1）一个 AP 覆盖较大面积的区域且现场有较多的障碍物。

  （2）使用面板式 AP 覆盖两个房间时，非 AP 安装房间需要进行信号测试。

  工程师到工程现场进行无线复勘，主要涉及以下几个步骤。

  （1）确定 AP 测试点：选择信号覆盖可能存在隐患的 AP 点位，并就该 AP 点位选择 2～3 个最远端的测试点。

  （2）实地测试：配置好 AP，将 AP 用支架固定在 AP 实际部署位置，然后使用地勘专用电源为 AP 供电，AP 上电并发射信号后，分别使用手机和笔记本计算机测试无线信号强度。如果用户经常使用定制设备（如 PDA）连接 Wi-Fi，建议使用该定制设备进行测试。

  （3）调整与优化：如果实地测试结果未通过，则需要通过调整 AP 部署位置、调整 AP

功率、增加 AP 数量等方式加以改善，优化后再进行一次测试，直到测试通过。将优化后的结果记录到 AP 点位设计图中。

10.2　无线地勘报告内容

无线复勘通过后，确定 AP 点位设计图，并输出无线地勘报告。无线地勘报告应包括以下内容。

（1）WLAN 规划报告（通过 WLAN Planner 工具输出）。

（2）WLAN 规划报告分析（对无线地勘报告进行摘要解析，以 PowerPoint 演示文稿形式展现给客户）。

（3）AP 点位图（简要标注 AP 名称、点位、信道、编号等）。

（4）AP 点位图说明（对 AP 点位进行具体说明）。

（5）AP 信息表（名称、点位位置、信道、功率等，以 Excel 工作表形式保存）。

（6）物料清单（AP、馈线、天线等）。

（7）安装环境检查表（对 AP 安装环境进行检查并登记）。

项目实践

任务 10-1　无线复勘

任务描述

网络工程师完成 AP 点位图初稿后，为确保 AP 实际部署后信号能覆盖整个会展大厅，现需要小蔡携带地勘测试专用工具箱到现场进行无线复勘，测试 AP 实际部署后的信号强度。

地勘测试专用工具箱包括以下设备：地勘专用移动电源、地勘专用 AP、地勘专用支架、安装地勘专用测试 App 的手机、安装地勘专用测试软件的笔记本计算机、配置线等。

任务操作

1．无线复勘

（1）在 AP 点位图上选择测试点，并指定 AP 覆盖范围的 2～3 个最远点进行测试。针对目标 AP，小蔡选择了两个最远点进行测试。测试点位如图 10-1 所示。

（2）使用地勘专用移动电源为 AP 供电，按 AP 规划配置对 AP 进行配置，将 AP 架设在与 AP 点位设计图对应的位置（AP 实际安装位置）。

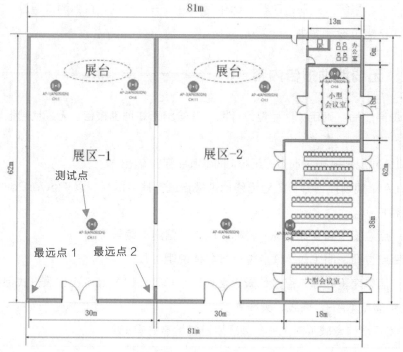

图 10-1　测试点位

（3）在最远点处使用手机（安装 CloudCampus）测试 AP 信号的强度，结果如图 10-2 所示；使用笔记本计算机（安装 WirelessMon）测试 AP 信号的强度，结果如图 10-3 所示。

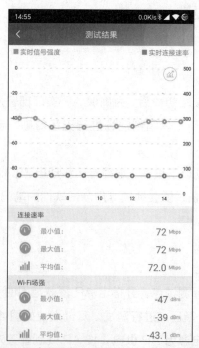

图 10-2　使用手机（安装 CloudCampus）测试 AP 信号的强度

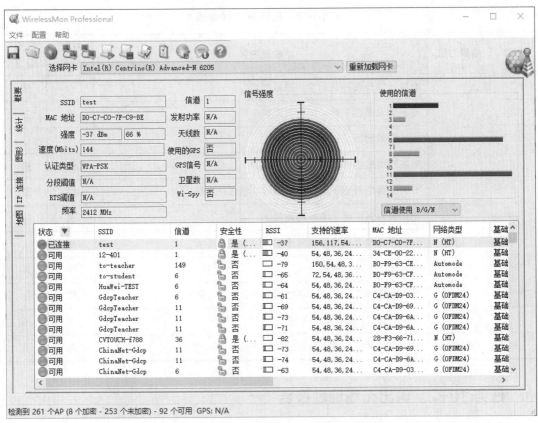

图 10-3　使用笔记本计算机（安装 WirelessMon）测试 AP 信号的强度

在记录手机和笔记本计算机测试数据时，应选择测试软件中信号相对平稳的数值，并登记在无线复勘登记中，见表 10-1。

表 10-1　无线复勘登记

AP 编号	测试位置	手机信号强度	笔记本计算机信号强度
AP-5（AP4050DN）	展区-大门左侧墙角	-43dBm	-37dBm
AP-5（AP4050DN）	展区-大门右侧墙角	-46dBm	-40dBm

......

在地勘现场测试中，如果测试点的数据不合格，则应当根据现场情况，适当调整 AP 位置或 AP 功率，直到测试点数据合格为止，同时，根据调整的 AP 信息（如位置、功率等）修订原来的设计文档。

2. 现场环境检查

小蔡在现场进行无线复勘的同时，需要检查安装环境并进行记录，确保 AP 能够根据点位图进行安装和后期维护，并登记检查结果。现场环境检查表见表 10-2。

表 10-2　现场环境检查表

序号	检查方法	检查内容	检查结果	是否通过
1	现场检查	安装环境是否存在潮湿、易漏地点	否	是
2		安装环境是否干燥、防尘、通风良好	是	是
3		安装位置附近是否有易燃物品	否	是
4		安装环境是否有阻挡信号的障碍物	否	是
5		安装位置是否便于网线、电源线、馈线的布线	是	是
6		安装位置是否便于维护和更换	是	是
7		安装环境是否有其他信号干扰源	否	是
8		安装环境是否有吊顶	是	是
9		采用壁挂方式，安装环境附近是否有桥架、线槽	是	是
10		安装位置是否在承重梁附近	否	是
11	沟通确认	安装位置墙体内是否有隐蔽线管及线缆	否	是

任务 10-2　输出无线地勘报告

任务描述

　　无线复勘是整个无线网络勘测与设计的最后环节。接下来，小蔡需要输出无线地勘报告给用户做最终确认。输出无线地勘报告要点如下。

　　（1）使用 WLAN Planner，根据复勘的结果优化原 AP 部署方案。

　　（2）使用 WLAN Planner 导出无线地勘报告。

　　（3）在导出的无线地勘报告的基础上对地勘报告进行修订，要点如下。

- 根据用户的网络建设需求修改无线网络容量设计。
- 物料清单需要补充无线 AC、PoE 交换机、馈线、天线等内容。

任务操作

1. 输出无线地勘报告

　　在 ServiceTurbo Cloud 平台中使用 WLAN Planner 工具优化原无线网络项目后，单击"规划"页面上方的"5.导出报告"页签，设置各项参数后，单击"导出"按钮，输出无线地勘报告，如图 10-4 所示。

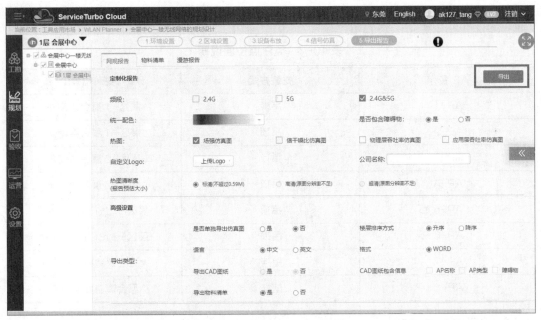

图 10-4 输出无线地勘报告

2. 制作地勘汇报 PowerPoint 演示文稿

无线地勘报告完成后，网络工程师需要向会展中心网络部汇报本次地勘的结果。为方便进行汇报，网络工程师需要对地勘报告及其他材料清单进行整理，制作一份地勘汇报 PowerPoint 演示文稿。

3. 物料清单优化

由于 WLAN Planner 工具导出报告时物料清单只输出了无线 AP 数量，网络工程师需要将其他设备手动添加到地勘报告中。考虑到 AP 的供电，需要配备一台 PoE 交换机。同时，会展中心无线覆盖拟用无线 AC 对 AP 进行统一管理，因此需要配备一台无线 AC。最终确定的物料清单见表 10-3。

表 10-3 物料清单

楼层信息	设备类型	设备型号	数量
会展中心	无线 AP	AP1050DN-S	1
	无线 AP	AP6050DN	7
核心机房	PoE 交换机	S5720-12TP-PWR-LI-AC	1
	无线 AC	AC6005	1
合计			10

4. 制作 AP 点位图说明

AP 点位图已标注出 AP 的大致安装位置，为了方便施工人员到现场安装 AP，需要制作

AP 点位图说明，清晰地描述 AP 具体安装位置。AP 点位图说明见表 10-4。

表 10-4　AP 点位图说明

AP 名称	安装方式	安装位置
AP-1	吊顶	展区-1 展台东南角
AP-2	吊顶	展区-1 展台西南角
AP-3	吊顶	展区-2 展台东南角
AP-4	吊顶	展区-2 展台西南角
AP-5	吊顶	展区-1 正门向北 15m
AP-6	吊顶	展区-2 正门向北 15m
AP-7	壁挂	大型会议室西面墙正中
AP-8	壁挂	小型会议室北面墙正中

5. 制作 AP 信息表

由于在 WLAN Planner 工具中已调整 AP 的功率、信道等信息，而设备安装后调试时不可能直接按照 AP 点位图或 WLAN Planner 工具来配置 AP 的功率和信道等，因此需要提前将 AP 相关信息整理到 AP 信息表中，见表 10-5。

表 10-5　AP 信息表

AP 名称	型号	信道	功率	安装区域
AP-1	AP6050DN	1	20dBm	展区-1
AP-2	AP6050DN	6	20dBm	展区-1
AP-3	AP6050DN	11	20dBm	展区-2
AP-4	AP6050DN	1	20dBm	展区-2
AP-5	AP6050DN	11	20dBm	展区-1
AP-6	AP6050DN	6	20dBm	展区-2
AP-7	AP6050DN	1	20dBm	大型会议室
AP-8	AP1050DN-S	6	20dBm	小型会议室

项目验证

项目完成后，需要导出 WLAN 规划报告，具体如下。

会展中心一楼无线网络的规划设计 WLAN 规划报告

1 设计原则概述

规划原则

在规划WLAN时，首先应考虑满足AP和无线网卡信号的交互，以及用户可有效地接入网络。无线信号的覆盖规划应主要考虑保证AP无线信号的有效覆盖，对AP天线进行选址和相关配置。在选择AP放置位置的时候，需遵循以下几个原则。

（1）如果在一个大厅里只安装一台AP，则尽量把AP安放在大厅的中央位置，而且最好放置于大厅天花板上；如果同一空间安装两台AP，则可以放置于两个对角上。

（2）保持信号穿过墙壁和天花板的数量最小。WLAN信号能够穿透墙壁和天花板，然而信号的穿透损耗较大。应放置AP与计算机于合适的位置，使墙壁和天花板阻碍信号的路径最短，损耗最小。

（3）考虑AP和覆盖区域之间直线连接。注意AP的放置位置，要尽量使信号能够垂直地穿过墙壁或天花板。

（4）室外网桥长距离数据回传要避免站点周围有高大建筑或山体，保证网桥两端信号的视距可达。

（5）AP天线方向可调，安装AP的位置应确保天线主波束方向正对覆盖目标区域，保证良好的覆盖效果。

（6）AP安装位置需远离其他电子设备，避免在覆盖区域内放置微波炉、无线摄像头、无绳电话等电子设备。

网络规划参数

穿透损耗

不论是使用室内型AP还是使用室外型AP，覆盖范围会因为建筑物结构特点而显现出明显的信号衰减特征，形成信号盲区。2.4GHz无线信号对各种材质的穿透损耗的实测经验值如下。

  8mm木板：1～1.8dB。

  38mm木板：1.5～3dB。

  40mm木门：2～3dB。

  12mm玻璃：2～3dB。

  250mm水泥墙：20～30dB。

  砖墙：10～15dB。

  楼层阻挡：20～30dB。

  电梯阻挡：20～40dB。

室内路径损耗

室内路径损耗计算公式如下。

$$L = 20 \times \lg(f) + 10D \times \lg(d) + p - 24$$

式中：L为路径损耗（dB）；f为工作频率（MHz）；D为衰减因子；d为距离（m）；p为穿透因子。

  在室内半开放环境下，简化后的相同楼层的损耗计算公式如下。

2.4GHz频段：（D=2.5；p=6）

$$L = 20 \times \lg(f) + 10D \times \lg(d) + p - 24 = 50 + 25 \times \lg(d)$$

5GHz频段：（D=3；p=6）

$$L = 20 \times \lg(f) + 10D \times \lg(d) + p - 24 = 57 + 30 \times \lg(d)$$

  所以，室内半开放环境的路径损耗随距离取值见下表。

室内半开放环境的路径损耗随距离取值

频段	路径损耗/dB								
	1m	2m	5m	10m	15m	20m	40m	80m	100m
2.4GHz	50	57.5	67.5	75	79.4	82.5	90.1	97.6	100
5GHz	57	66	78	87	92.3	96	105.1	114.1	117

室外路径损耗

室外路径损耗计算公式如下。

$$L = 42.6 + 26 \times \lg(d) + 20 \times \lg(f)$$

式中：L为路径损耗（dB）；f为工作频率（MHz）；d为距离（km）。

  所以，室外开放环境的路径损耗随距离取值见下表。

室外开放环境的路径损耗随距离取值

频段	路径损耗/dB						
	50m	100m	200m	300m	500m	800m	1000m
2.4GHz	76.4	84.2	92	96.6	102.4	107.7	110.2
5GHz	84	91.9	99.7	104.2	110	115.4	117.9

链路预算

链路预算公式如下。

$$RSSI(\text{dBm}) = P + T_x + R_x - L - S$$

式中，$RSSI$ 为场强（dBm）；P 为发射功率（dBm）；T_x 为发射天线增益（dBi）；R_x 为接收天线增益（dBi）；L 为路径损耗（dB）；S 为穿透损耗（dB）。

链路预算只作为理论参考，在实际网络建设中，应结合建筑物类型、现场环境和模拟测试情况进行适当的调整。

2 材料清单

材料名称	材料类型	材料数量	备注
AP	AP1050DN-S	1	
AP	AP6050DN	7	

注：实际部署前，请先进行实地勘测，根据勘测结果进行方案调整。

3 工程设计图表

会展中心

1 层会展中心

场景：展会

AP点位与信道确认图

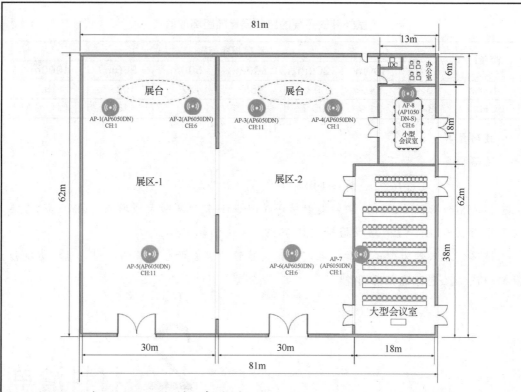

2.4GHz 与 5GHz 仿真图

信号覆盖热图

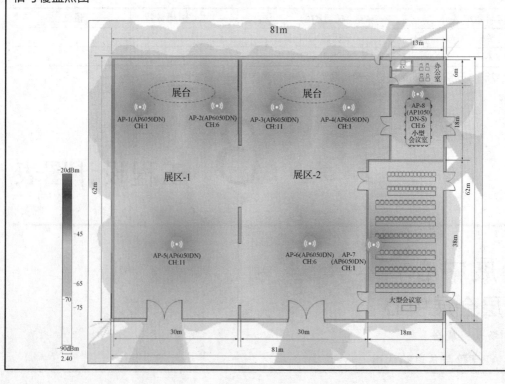

4 产品介绍

4.1 AP1050DN-S

属性	说明
产品型号	AP1050DN-S
应用场景	室内
PoE	IEEE 802.3at（PoE+）
光口	不支持
2.4GHz 功率	20dBm
5GHz 功率	20dBm
使用频段	2.4GHz 和 5GHz
天线类型	内置天线

兼容IEEE 802.11a/b/g/n/ac/ac Wave 2协议标准

最高速率达633Mbit/s

支持最大合并比（Maximal Ratio Combining，MRC）

支持空时分组码（Space-Time Block Code，STBC）

支持波束成形（Beamforming）

支持MU-MIMO

支持低密度奇偶校验（Low-Density Parity-Check，LDPC）

支持最大似然解码（Maximum Likelihood Decoding，MLD）

支持帧聚合：A-MPDU（Tx/Rx）、A-MSDU（Rx only）

支持802.11动态频率选择（Dynamic Frequency Selection，DFS）

支持20MHz、40MHz和80MHz模式下的ShortGI

基于Wi-Fi多媒体（Wi-Fi Multimedia，WMM）标准的映射和优先级调度规则，可实现基于优先级的数据处理和转发

支持自动和手动两种速率调节方式

支持WLAN信道管理和信道速率调整（说明：具体管理信道请参考《WLAN国家

码和信道顺从表》)

支持信道自动扫描功能，自动规避干扰

支持AP中每个SSID可独立配置隐藏功能

支持信号维持技术（Signal Sustain Technology，SST）

支持节电模式（U-APSD）

Fit AP工作模式下支持无线接入点控制和配置（Control and Provisioning of Wireless Access Points，CAPWAP）协议隧道数据转发

Fit AP工作模式下支持AP自动上线功能

Fit AP工作模式下支持扩展服务集（Extended Service Set，ESS）

Fit AP工作模式下支持无线分布式系统（Wireless Distribution System，WDS）

Fit AP工作模式下支持无线网格网络（Mesh）

支持用户接入控制（Calling Access Control，CAC）

4.2 AP6050DN

属性	说明
产品型号	AP6050DN
应用场景	室内
PoE	IEEE 802.3at（PoE+）
光口	不支持
2.4GHz 功率	20dBm
5GHz 功率	19dBm
使用频段	2.4GHz 和 5GHz
天线类型	内置天线

兼容IEEE 802.11a/b/g/n/ac/ac wave2协议标准

最高速率达2.53Gbit/s

支持MRC

支持STBC

支持Beamforming

支持LDPC

支持MLD

支持帧聚合：A-MPDU(Tx/Rx)、A-MSDU(Rx only)

支持802.11 DFS

支持20MHz、40MHz和80MHz模式下的ShortGI

基于WMM，可实现基于优先级的数据处理和转发

支持自动和手动两种速率调节方式

支持WLAN信道管理和信道速率调整（说明：具体管理信道请参考《WLAN国家码和信道顺从表》）

支持信道自动扫描功能，自动规避干扰

支持AP中每个SSID可独立配置隐藏功能

支持SST

支持U-APSD

Fit AP工作模式下支持CAPWAP

Fit AP工作模式下支持AP自动上线功能

Fit AP工作模式下支持ESS

支持多用户CAC

支持Hotspot2.0

支持IEEE 802.11k、IEEE 802.11v协议标准的智能漫游

支持快速漫游（≤50ms）

支持云管理

📐 项目拓展

项目实训题 10

（1）无线地勘前期准备有（　　　）。（多选）

    A．获取并熟悉覆盖区域平面图　　　　B．初步了解用户接入需求

    C．初步了解用户现网情况　　　　　　D．确定用户方项目对接人

    E．勘测工具准备　　　　　　　　　　F．勘测软件准备

（2）无线地勘报告包括（　　　）。（多选）

    A．无线地勘报告　　　　　　　　　　B．无线地勘报告分析

    C．AP 点位图　　　　　　　　　　　D．AP 点位图说明

    E．AP 信息表　　　　　　　　　　　F．物料清单

    G．安装环境检查表

项目11

会展中心智能无线网络的部署

11

项目描述

　　某会展中心对 Jan16 公司提供的无线地勘报告非常满意，并按无线地勘报告的物料清单完成了无线 AC、无线 AP、交换机、PoE 适配器等设备的采购，将所有的 AP 都安装到指定位置，现将进行设备的调试工作。

　　鉴于对 Jan16 公司网络工程师专业性的高度认可，会展中心决定继续由 Jan16 公司进行设备的调试。一期项目拟将会展中心展区的两个 AP 先启用，并帮助会展中心的网络管理员熟悉无线网络的配置与管理工作。一期项目网络拓扑如图 11-1 所示。

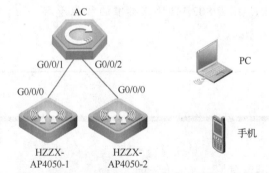

图 11-1　会展中心智能无线网络部署一期项目网络拓扑

　　无线局域网的组网根据实际的应用场景可以采用不同的方式。对大多数家庭和小型企业办公室来说多采用无线路由器或 Fat AP 组网，但是对大型的局域网来说就必须采用 Fit AP 组网。而智能无线网络通常就是指 Fit AP 无线组网方式，它由 "AC+AP" 构成，会展中心无线网络覆盖项目正是采用这种组网方式。

　　要熟悉智能无线网络的配置与管理，需要掌握以下知识。

　　（1）熟悉 Fat AP 和 Fit AP 的区别。

　　（2）熟悉 Fit AP 的工作原理。

　　（3）了解 CAPWAP 基本原理。

（4）了解二层漫游与三层漫游。

（5）了解本地转发与集中转发。

会展中心智能无线网络部署一期项目由一台 AC 和两台 AP 构成，由于 AC6008 有 5 个有线网接口且 AP 到 AC 的距离不超过 100m，因此本项目可以通过"AC+AP"的方式进行部署，具体由以下 2 个部分构成。

（1）会展中心智能无线网络的 VLAN 规划、端口互联规划、IP 地址规划、WLAN 规划等。

（2）会展中心智能无线网络的部署与测试。

项目相关知识

11.1　Fat AP 与 Fit AP

1．Fat AP 在大规模网络应用中的劣势

Fat AP 适用于小型公司、办公室、家庭等无线覆盖场景（相关知识见项目 3）。在中大型网络应用中，网络管理员需要部署几十甚至几千台 AP 来实现整个园区网络的无线覆盖，例如一个 10000 人规模的学校需要的 AP 数量在 2000 左右。Fat AP 在部署时必须针对每一台 AP 进行配置和管理，包括 AP 命名、SSID 配置、信道配置、ACL 配置等。试想一下，网络管理员需要对几千台 AP 都单点管理时，如何应对以下任务。

- 修改所有 AP 的黑白名单。

- 修改所有 AP 的 SSID。

- 修改所有 AP 的 5GHz 工作频段。

- 每天检测出现故障 AP 的数量和位置。

- 巡检 AP，并针对 AP 信道冲突做优化。

……

若有大量的 AP 需要管理，采用单点管理会给管理员带来巨大的压力，同时也暴露出 Fat AP 在进行大规模网络部署时存在的弊端，举例如下。

- WLAN 组网需要对 AP 进行逐一配置，例如网关 IP 地址、SSID 加密认证方式、QoS 策略等，这些基础配置工作需要大量的人工成本。

- 管理 AP 时需要维护一张 AP 的专属 IP 地址列表，维护地址关系的工作量大。

- 查看网络运行状况和用户统计、在线更改服务策略和安全策略设定时，都需要逐一登录到 AP 设备上才能完成相应的操作。

- 不支持无线三层漫游功能，用户移动办公体验差。

- 升级 AP 软件需要手动逐一对设备进行升级，对 AP 设备进行重配置时需要进行全网重配置，维护成本高。

2. Fit AP

因为采用 Fat AP 进行大规模组网管理比较繁杂，也不支持用户的无缝漫游，所以在大规模组网中一般采用"AC+Fit AP"组网方式。"AC+Fit AP"组网方式对设备的功能进行了重新划分，具体如下。

- AC 负责无线网络的接入控制、转发和统计，以及 AP 的配置监控、漫游管理、网管代理、安全控制。
- Fit AP 负责 802.11 报文的加密和解密、802.11 的物理层功能、接受 AC 的管理、射频空口的统计等简单功能。

3. Fat AP 与 Fit AP 组网比较

Fat AP 与 Fit AP 组网方式如图 11-2 所示。从图 11-2 中可以看出，Fit AP 的管理功能全部交由 AC 负责，Fit AP 只负责信号的传输，对于全网 Fit AP 的管理，只需要在 AC 上进行统一管理和配置，可极大简化 Fit AP 的管理工作。Fit AP 组网方式具有以下优点。

（1）集中管理，只需在 AC 上配置，AP 零配置，管理简便。

（2）Fit AP 启动时自动从 AC 下载配置信息，AC 还可以对 Fit AP 进行自动升级。

（3）增加射频环境监控，可基于用户位置部署安全策略，实现高安全性。

（4）支持二层和三层漫游，适合大规模组网。

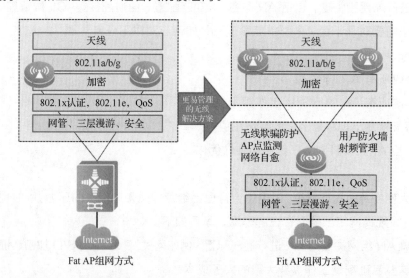

图 11-2　Fat AP 与 Fit AP 组网方式

Fat AP 与 Fit AP 组网比较见表 11-1。在大规模组网部署应用的情况下，Fit AP 具有方便集中管理、支持三层漫游、可基于用户下发权限等优势。因此，Fit AP 更适合 WLAN 发展趋势。

表 11-1　Fat AP 与 Fit AP 组网比较

对比内容	Fat AP	Fit AP
安全性	传统加密、认证方式，普通安全性	支持射频环境监控、基于用户位置安全策略，高安全性
网络管理	对每个 AP 下发配置文件	在 AC 上配置，AP 本身零配置
用户管理	类似有线网络根据 AP 接入的有线端口区分权限，需针对每一台 AP 进行配置	无线虚拟专用组方式，根据用户名区分权限，全网统一管理
业务能力	（1）支持二层漫游； （2）实现简单数据接入	（1）支持二层、三层漫游； （2）可通过 AC 增强业务 QoS、安全等功能； （3）AP 功率、信道可智能调整
LAN 组网规模	适合小规模组网，成本较低	（1）存在多厂商兼容性问题，AC 和 AP 间采用 CAPWAP，但各厂商未能采用统一的 CAPWAP 隧道，因此组网时需要采用相同厂商的设备； （2）与原网络拓扑无关，适合大规模组网，成本较高

4．Fit AP 组网方式

根据 AP 与 AC 之间的组网方式，其组网架构可分为二层组网和三层组网两种组网方式。

（1）二层组网方式

当 AC 与 AP 之间的网络为直连网络或者二层网络时，此组网方式为二层组网。Fit AP 和 AC 属于一个二层广播域，Fit AP 和 AC 之间通过二层交换机互联。二层组网比较简单，适用于简单或临时的组网，能够进行比较快速的组网配置，但该方式不适用于大型组网架构。由于本项目中的会展中心只有一层，且 AP 数量较少，非常适合这种组网方式。二层组网方式如图 11-3 所示。

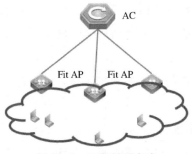

图 11-3　二层组网方式

（2）三层组网方式

当 AP 与 AC 之间的网络为三层网络时，此组网方式为三层组网，该方式下 Fit AP 和 AC 属于不同的 IP 地址网段，Fit AP 和 AC 之间的通信需要通过路由器或者三层交换机的路由转发功能来完成。

在实际组网中，一台 AC 可以连接几十甚至几千台 AP，组网一般比较复杂。例如在校园网络中，AP 可以部署在教室、宿舍、会议室、体育馆等场所，而 AC 通常部署在核心机房，这样 AP 和 AC 之间的网络就必须采用比较复杂的三层网络。三层组网方式如图 11-4 所示。

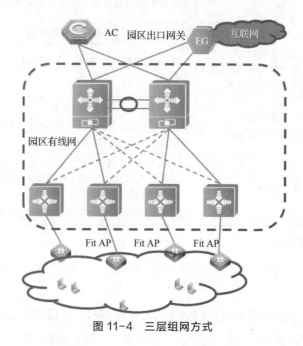

图 11-4　三层组网方式

11.2　CAPWAP 隧道技术

在 Fit AP 组网方式中，AC 负责 AP 的管理与配置，那么 AC 和 AP 如何相互发现和通信呢？在以 AC+Fit AP 为架构的 WLAN 下，AP 与 AC 通信接口的定义成为整个无线网络的关键。国际标准化组织以及部分厂商为统一 AP 与 AC 的接口制定了一些规范，目前普遍使用的是 CAPWAP 协议。

CAPWAP 协议定义了 AP 与 AC 之间如何通信，为实现 AP 和 AC 之间的互通提供了一个通用封装和传输机制。

1. CAPWAP 协议基本概念

CAPWAP 协议用于 AP 和 AC 之间的通信交互，实现 AC 对其所关联的 AP 的集中管理和控制。该协议主要包括以下内容。

（1）AP 对 AC 的自动发现及 AP 和 AC 的状态机运行、维护。AP 启动后将通过 DHCP 自动获取 IP 地址，并基于用户数据报协议（User Datagram Protocol，UDP）主动联系 AC，AP 运行后将接受 AC 的管理与监控。

（2）AC 对 AP 进行管理、业务配置下发。AC 负责 AP 的配置管理，包括 SSID、VLAN、信道、功率等内容。

（3）STA 数据封装后通过 CAPWAP 隧道进行转发。在隧道转发模式下，STA 发送的数据将被 AP 封装成 CAPWAP 报文，然后通过 CAPWAP 隧道发送到 AC，由 AC 负责转发。

2．CAPWAP 的直接转发与隧道转发

从 STA 数据报文转发的角度出发，可将 Fit AP 的架构分为两种：隧道转发模式和直接转发模式。

（1）隧道转发模式

在隧道转发模式里，所有 STA 数据报文和 AP 的控制报文都通过 CAPWAP 隧道转发到 AC，再由 AC 集中交换和处理，如图 11-5 所示。因此，AC 不但要对 AP 进行管理，还要作为 AP 流量的转发中枢。

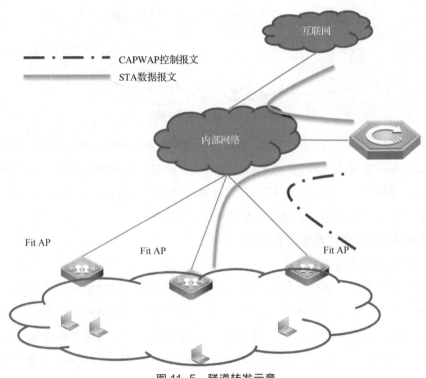

图 11-5　隧道转发示意

（2）直接转发模式

在直接转发模式里，AC 只对 AP 进行管理，业务数据都由本地直接转发，即 AP 管理流封装在 CAPWAP 隧道中，转发给 AC，由 AC 负责处理，如图 11-6 所示。AP 的业务流不加 CAPWAP 封装，而直接由 AP 转发给上联交换设备，然后交换机进行直接转发。因此，对于用户数据，其对应的 VLAN 对 AP 不再透明，AP 需要根据用户所处的 VLAN 添加相应的 802.1q 标签，然后转发给上联交换机，交换机则按 802.1q 规则直接转发该数据报。

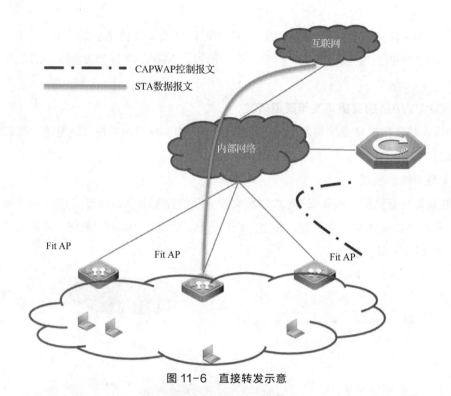

图 11-6　直接转发示意

通过对比两种模式可以发现，随着 STA 传输速率的不断提高，AC 的转发压力也不断增大。如果采用隧道转发，对 AC 的数据报处理能力和原有有线网络的数据转发都是较大的挑战。而采用直接转发后，AC 只对 AP 与 STA 进行管理和控制，不负责 STA 业务数据的转发，这既减轻了 AC 的负担，又降低了有线网络的网络流量。

3.　直接转发与隧道转发的典型案例

（1）直接转发的典型案例

在校园网基于无线网络开展互动教学场景中，教师计算机和学生平板计算机在教室内部有大量的数据交互，以横向流量为主。如果采用隧道转发，这些数据都需要从教室经由骨干网发送到数据中心 AC，然后经由骨干网转发回教室的各设备，这些数据相当于都必须由教室到数据中心 AC 转一个来回，既耗费有线网络和无线 AC 的资源，同时又使数据延迟增加。如果采用直接转发，这些数据将直接通过教室本地交换机进行处理，不仅降低了骨干网负载，而且有效解决了数据延迟的问题。

（2）隧道转发的典型案例

在酒店无线应用场景中，用户的上网流量几乎都是访问外网的，以纵向流量为主，因此几乎所有的流量都是先发送到数据中心，再转发到外网。综合考虑用户的上网安全和网络流量特征，如果采用直接转发，在增加接入交换机和 AP 的数据报处理工作量基础上并不能提升网络性能；而采用隧道转发，则有利于保证用户数据安全，同时能充分利用 AC 的数据报处理能力提升网络性能。

11.3　CAPWAP 隧道建立过程

AP 启动后先要找到 AC，然后与 AC 建立 CAPWAP 隧道，它需要经历 AP 通过 DHCP 获得 IP 地址（DHCP）、AP 通过"发现"机制寻找 AC（Discover）、AP 和 AC 建立 DTLS 连接（DTLS Connect）、在 AC 中注册 AP （Join）、固件升级（Image Data）、AP 配置请求（Configure）、AP 状态事件响应（State Event）、AP 工作（Run）、AP 配置更新管理（Update Config）等过程和状态，如图 11-7 所示。

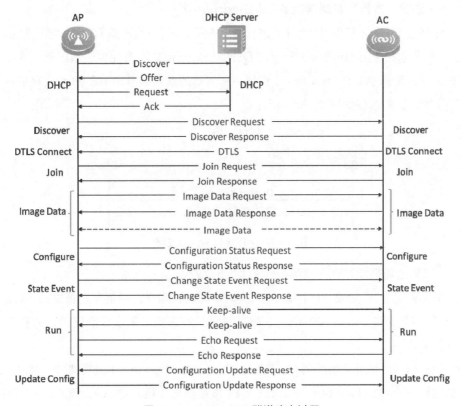

图 11-7　CAPWAP 隧道建立过程

1. AP 通过 DHCP 获得 IP（DHCP）

AP 启动后，它首先将作为一个 DHCP Client（客户端）寻找 DHCP Server（服务器）。当它找到 DHCP Server 后将最终获得 IP 地址、租约、DNS、Option 字段信息等配置信息，其中 Option 字段信息包含了 AC 的地址列表，AP 获取 IP 后将通过 Option 字段信息里面的地址联系 AC。

AP 和 DHCP Server 通信并获取 IP 地址的过程包括 Discover（发现）、Offer（提供）、Request（请求）、Ack（确认），如图 11-8 所示。

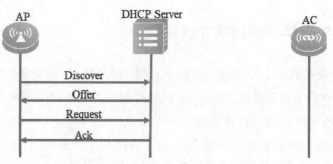

图 11-8　AP 获取 IP 地址的 4 个步骤

2．AP 通过"发现"机制寻找 AC（Discover）

在 AP 通过 DHCP 获得 IP 地址的过程中，AP 是从 DHCP 的 Option 字段信息中获取 AC 的 IP 地址列表的。但如果网络原有的 DHCP Server 并没有提供这项配置，那么工程师可以预先对 AP 配置 AC IP 地址列表，这样 AP 启动后就可以基于 AC IP 地址列表寻找 AC 了。AP 寻找 AC 的过程如图 11-9 所示。

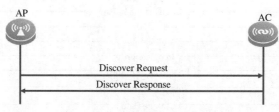

图 11-9　AP 寻找 AC 的过程

AP 可以通过单播或广播寻找 AC，具体情形如下。

- 单播寻找 AC：如果 AP 存在 AC IP 地址列表，则通过单播发送报文给 AC。
- 广播寻找 AC：如果 AP 不存在 AC IP 地址列表或单播没有回应时，则通过广播发送报文寻找 AC。

AP 会给 AC IP 地址列表的所有 AC 发送 Discover Request（发现请求）报文，当 AC 收到后会发送一个单播 Discover Response（发现响应）报文给 AP。因此，AP 可能收到多个 AC 的 Discover Response，AP 将根据 AC 响应数据报中的 AC 优先级或者其他策略（如 AP 个数等）来确定与哪个 AC 建立 CAPWAP 隧道。

3．AP 和 AC 建立 DTLS 连接（DTLS Connect）

DTLS 提供了 UDP 传输场景下的安全解决方案，能防止消息被窃听、篡改和身份冒充等问题。

在 AP 通过"发现"机制寻找 AC 的过程中，AP 接收到 AC 的响应报文后，它开始与 AC 建立 CAPWAP 隧道。由于从下一步在 AC 中注册 AP（Join）开始的 CAPWAP 控制报文都必须经过 DTLS 加密传输，因此在本阶段 AP 和 AC 将通过"协商"建立 DTLS 连接，过程如图 11-10 所示。

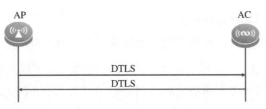

图 11-10 AC 和 AP 建立 DTLS 连接

4. 在 AC 中注册 AP（Join）

在 AC 中注册 AP，前提是 AC 和 AP 工作在相同的工作机制上，包括系统版本号、控制报文优先级等信息。在 AC 中注册 AP 的过程如图 11-11 所示。

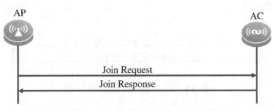

图 11-11 在 AC 中注册 AP 的过程

AP 和 AC 建立 CAPWAP 隧道后，AC 与 AP 开始建立控制通道。在建立控制通道的过程中，AP 通过发送 Join Request（加入请求）报文将 AP 的相关信息（如 AP 版本信息、组网模式信息等）发送给 AC。AC 收到该报文后，将校验 AP 是否在黑白名单中，通过校验则 AC 会检查 AP 的当前版本。如果 AP 的版本与 AC 要求的版本不匹配，AP 和 AC 会进入 Image Data 状态进行固件升级，并更新 AP 的版本；如果 AP 的版本符合要求，则发送 Join Response（加入响应）报文（主要包括用户配置的升级版本号、握手报文间隔/超时时间、控制报文优先级等信息）给 AP，然后进入 Configure 状态进行 AP 配置请求。

5. 固件升级（Image Data）

AP 比对 AC 的版本信息，如果 AP 版本号较旧，则 AP 通过 Image Data Request（映像数据请求）和 Image Data Response（映像数据响应）报文在 CAPWAP 隧道上开始更新软件版本，AP 固件升级过程如图 11-12 所示。AP 在软件更新完成后会重新启动，重新进行 AC 发现、建立 CAPWAP 隧道等过程。

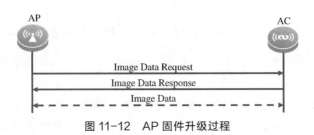

图 11-12 AP 固件升级过程

6．AP 配置请求（Configure）

AP 在 AC 中注册成功且固件版本信息检测通过后，AP 将发送 Configuration Status Request（配置状态请求）报文给 AC，报文包括 AC 名称、AP 当前配置状态等信息。

AC 收到 AP 的配置状态请求报文后，将进行 AP 的现有配置和 AC 设定配置的匹配检查。如果不匹配，AC 会通过 Configuration Status Response（配置状态响应）报文将最新的 AP 配置信息发送给 AP，AC 对 AP 的配置进行覆盖。AP 配置请求过程如图 11-13 所示。

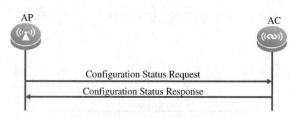

图 11-13　AP 配置请求过程

7．AP 状态事件响应（State Event）

AP 完成配置更新后，AP 将会发送 Change State Event Request（更改状态事件请求）报文，其中包含 Radio、Result、Code 等配置信息。AC 接收到 Change State Event Request 报文后，会对 AP 配置信息进行数据检测，如果不匹配，则重新进行 AP 配置请求；如果检测通过，AP 将进入 Run（工作）状态，开始提供无线接入服务。

AP 除了在完成第一次配置更新时会发送 Change State Event Request 报文外，AP 自身工作状态发生变化时也会通过发送 Change State Event Request 报文告知 AC。AP 状态事件响应过程如图 11-14 所示。

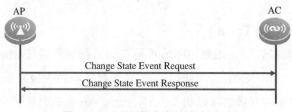

图 11-14　AP 状态事件响应过程

8．AP 工作（Run）

AP 开始工作后，需要与 AC 保持互联，它通过发送两种报文给 AC 来维护 AC 和 AP 的数据隧道和控制隧道。

（1）数据隧道

Keep-alive（保持连接）数据通信用于 AP 和 AC 双方确认 CAPWAP 数据隧道的工作状态，确保数据隧道保持畅通。AP 与 AC 间的 Keep-alive 报文数据隧道周期性检测机制如图 11-15 所示。AP 周期性发送 Keep-alive 报文到 AC，AC 收到后将确认数据隧道状态，如果正常，AC 也将回应 Keep-alive 报文，AP 保持当前状态继续工作，定时器重新开始计时；如果不正常，AC 则会根据故障类型进行自动排障或警告。

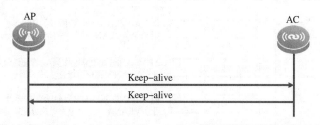

图 11-15　AP 与 AC 间的 Keep-alive 数据隧道周期性检测机制

（2）控制隧道

AP 与 AC 间的 Echo 控制隧道周期性检测机制如图 11-16 所示。AP 周期性发送 Echo Request（回显请求）报文给 AC，并希望得到 AC 的回复以确定控制隧道的工作状态，该报文包括 AP 与 AC 间控制隧道的相关状态信息。

AC 收到 Echo Request 报文后，将检测控制隧道的状态，没有异常则回应 Echo Response（回显响应）报文给 AP，并重置隧道超时定时器；如果有异常，AC 则会进入自检程序或警告。

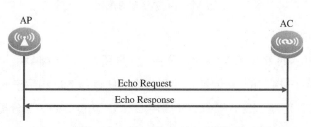

图 11-16　AP 与 AC 间的 Echo 控制隧道周期性检测机制

9. AP 配置更新管理（Update Config）

当 AC 在运行状态中需要对 AP 进行配置更新操作时，AC 发送 Configuration Update Request（配置更新请求）报文给 AP，AP 收到该报文后将发送 Configuration Update Response（配置更新响应）报文给 AC，并进入配置更新过程，如图 11-17 所示。

图 11-17　AC 更新 AP 配置过程

11.4 Fit AP 配置过程

AP 的配置主要分为有线部分和无线部分，各部分对应的配置逻辑如图 11-18 所示。

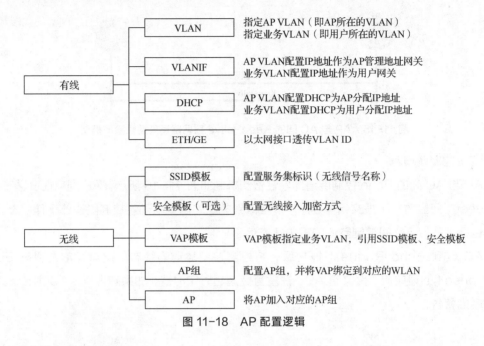

图 11-18 AP 配置逻辑

1．有线部分的配置

（1）创建 AP VLAN 和业务 VLAN，分别为 AP 所在的 VLAN 和 STA 所在的 VLAN。

（2）配置 VLANIF 接口的 IP 地址，分别作为 AP 管理地址和用户的网关。

（3）配置 DHCP 功能，在 AP VLAN 启用 DHCP 功能，为 AP 分配 IP 地址并通过 43 选项字段将 AC 的 CAPWAP 隧道源地址告知 AP，AP 获取该字段信息后，主动与 AC 建立 CAPWAP 隧道；在业务 VLAN 启用 DHCP 功能，为用户分配 IP 地址。

（4）配置网络设备（可能是交换机）连接 AP 的接口（ETH/GE），通过封装相应的 VLAN 使这些 VLAN 中的数据可以通过以太网接口转发到 AP。

2．无线部分的配置

（1）创建 SSID 模板，配置 SSID，用户可以通过搜索 SSID 加入相应的 WLAN 中。

（2）创建安全模板，为 WLAN 接入配置加密。WLAN 加密后，用户需要通过输入预共享密钥才能加入 WLAN。安全模板为选配项，若不进行配置，则为开放式网络。

（3）创建 VAP 模板，在 VAP 模板中指定 STA 的业务 VLAN，并引用 SSID 模板和安全模板的参数。

（4）配置 AP 组，配置 WLAN 与 VAP 模板的绑定关系。一个 AP 组可以绑定多个 WLAN 与 VAP。

（5）配置 AP，将 AP 加入对应的 AP 组，获取对应 WLAN 与 VAP 的映射关系。

项目规划设计

项目拓扑

由于会展中心的网络是新安装的，本项目仅用于测试，因此将采用 AP 和 AC 直连方式部署，其网络拓扑如图 11-19 所示。

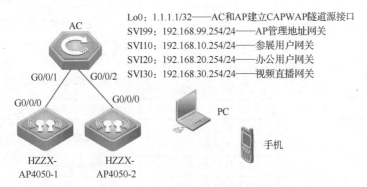

图 11-19　会展中心智能无线网络部署项目网络拓扑

项目规划

根据图 11-19 所示的拓扑进行项目的业务规划，项目 11 的 VLAN 规划、设备管理规划、端口互联规划、IP 地址规划、VAP 规划、AP 组规划、AP 规划见表 11-2～表 11-8。

表 11-2　项目 11 VLAN 规划

VLAN ID	VLAN 命名	网段	用途
VLAN 10	guest	192.168.10.0/24	参展用户网段
VLAN 20	office	192.168.20.0/24	办公用户网段
VLAN 30	video	192.168.30.0/24	视频直播网段
VLAN 99	AP-Guanli	192.168.99.0/24	AP 网段

表 11-3　项目 11 设备管理规划

设备类型	型号	设备命名	用户名	密码
无线接入点	AP4050DN	HZZX-AP4050-1	N/A	N/A
		HZZX-AP4050-2	N/A	N/A
无线控制器	AC6005	AC	admin	Huawei@123

表 11-4　项目 11 端口互联规划

本端设备	本端端口	端口配置	对端设备	对端端口
HZZX-AP4050-1	G0/0/0	N/A	AC	G0/0/1
HZZX-AP4050-2	G0/0/0	N/A		G0/0/2
AC	G0/0/1	ACCESS	HZZX-AP4050-1	G0/0/0
	G0/0/2	ACCESS	HZZX-AP4050-2	G0/0/0

表 11-5　项目 11 IP 地址规划

设备	接口	IP 地址	用途
AC	Loopback0	1.1.1.1/32	与 AP 建立 CAPWAP 隧道
	VLAN 10	192.168.10.1/24～192.168.10.253/24	DHCP 分配给参展用户终端
		192.168.10.254/24	参展用户网段网关
	VLAN 20	192.168.20.1/24～192.168.20.253/24	DHCP 分配给办公用户终端
		192.168.20.254/24	办公用户网段网关
	VLAN 30	192.168.30.1/24～192.168.30.253/24	DHCP 分配给视频直播终端
		192.168.30.254/24	视频直播网段网关
	VLAN 99	192.168.99.1/24～192.168.99.253/24	DHCP 分配给 AP 设备
		192.168.99.254/24	AP 网段网关
HZZX-AP4050-1	G0/0/0	DHCP	从 VLAN 99 获取 IP 与 AC 建立 CAPWAP 隧道
HZZX-AP4050-2	G0/0/0	DHCP	从 VLAN 99 获取 IP 与 AC 建立 CAPWAP 隧道

表 11-6　项目 11 VAP 规划

VAP	VLAN	SSID	密码	是否广播
guest-vap	10	guest	无	是
office-vap	20	office	12345678	是
video-vap	30	video	无	否

表 11-7　项目 11 AP 组规划

AP 组	VAP	WLAN ID	射频卡 ID
HZZX	guest-vap	1	0
			1
	office-vap	2	0
			1
	video-vap	3	0
			1

表 11-8 项目 11 AP 规划

AP 名称	MAC 地址	AP 组	频率与信道	功率
HZZX-AP4050-1	c4b8-b469-3a40	HZZX	2.4GHz,1	100%
			5GHz,149	100%
HZZX-AP4050-2	c4b8-b469-33e0	HZZX	2.4GHz,11	100%
			5GHz,157	100%

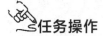 **项目实践**

任务 11-1 会展中心 AC 的基础配置

会展中心 AC 的
基础配置

任务描述

会展中心 AC 的基础配置包括远程管理配置、VLAN 和 IP 地址配置、DHCP 配置、端口配置。

任务操作

1. 远程管理配置

配置远程登录和管理密码。

```
<AC6005>system-view                              //进入系统视图
[AC6005]sysname AC                               //配置设备名称
[AC]user-interface vty 0 4                       //进入虚拟链路
[AC-ui-vty0-4]protocol inbound telnet            //配置协议为 telnet
[AC-ui-vty0-4]authentication-mode aaa            //配置认证模式为 AAA
[AC-ui-vty0-4]quit                               //退出
[AC]aaa                                           //进入 AAA 视图
[AC-aaa]local-user admin password                //创建 admin 用户并配置
irreversible-cipher Huawei@123                    密码为 Huawei@123
[AC-aaa]local-user admin service-type telnet     //配置用户类型为 telnet 用户
[AC-aaa]local-user admin privilege level 15      //配置用户等级为 15
[AC-aaa]quit                                      //退出
```

2. VLAN 和 IP 地址配置

创建 VLAN，配置设备的 IP 地址，即各用户的网关地址，同时创建 Loopback0 接口，配置 IP 地址作为 AC 的 CAPWAP 隧道地址。

```
[AC]vlan 10                                          //创建 VLAN 10
[AC-vlan10]name guest                                //VLAN 命名为 guest
[AC-vlan10]quit                                      //退出
[AC]vlan 20                                          //创建 VLAN 20
[AC-vlan20]name office                               //VLAN 命名为 office
[AC-vlan20]quit                                      //退出
[AC]vlan 30                                          //创建 VLAN 30
[AC-vlan30]name video                                //VLAN 命名为 video
[AC-vlan30]quit                                      //退出
[AC]vlan 99                                          //创建 VLAN 99
[AC-vlan99]name AP-Guanli                            //VLAN 命名为 AP-Guanli
[AC-vlan99]quit                                      //退出
[AC]interface Vlanif 10                              //进入 VLANIF 10 接口
[AC-Vlanif10]ip address 192.168.10.254 24            //配置 IP 地址
[AC-Vlanif10]quit                                    //退出
[AC]interface Vlanif 20                              //进入 VLANIF 20 接口
[AC-Vlanif20]ip address 192.168.20.254 24            //配置 IP 地址
[AC-Vlanif20]quit                                    //退出
[AC]interface Vlanif 30                              //进入 VLANIF 30 接口
[AC-Vlanif30]ip address 192.168.30.254 24            //配置 IP 地址
[AC-Vlanif30]quit                                    //退出
[AC]interface Vlanif 99                              //进入 VLANIF 99 接口
[AC-Vlanif99]ip address 192.168.99.254 24            //配置 IP 地址
[AC-Vlanif99]quit                                    //退出
[AC]interface LoopBack 0                             //进入 Loopback0 接口
[AC-LoopBack0]ip address 1.1.1.1 32                  //配置 IP 地址
[AC-LoopBack0]quit                                   //退出
[AC]capwap source interface LoopBack 0               //指定 CAPWAP 隧道源接口
```

3. DHCP 配置

开启 DHCP 功能，创建 AP 和用户的 DHCP 地址池。

```
[AC]dhcp enable                                      //开启 DHCP 功能
[AC]interface Vlanif 99                              //进入 VLANIF 99 接口
[AC-Vlanif99]dhcp select interface                   //DHCP 选择接口配置
[AC-Vlanif99]dhcp server gateway-list                //配置 DHCP 分配的网关地址
```

```
                   192.168.99.254

[AC-Vlanif99]dhcp server option 43 sub-    //配置 DHCP 分配的选项字段，用于 AP 与
option 3 ascii 1.1.1.1                      AC 建立隧道

[AC-Vlanif99]quit                          //退出

[AC]interface Vlanif 10                    //进入 VLANIF 10 接口

[AC-Vlanif10]dhcp select interface         //DHCP 选择接口配置

[AC-Vlanif10]dhcp server gateway-list      //配置 DHCP 分配的网关地址
192.168.10.254

[AC-Vlanif10]quit                          //退出

[AC]interface Vlanif 20                    //进入 VLANIF 20 接口

[AC-Vlanif20]dhcp select interface         //DHCP 选择接口配置

[AC-Vlanif20]dhcp server gateway-list
192.168.20.254                             //配置 DHCP 分配的网关地址

[AC-Vlanif20]quit                          //退出

[AC]interface Vlanif 30                    //进入 VLANIF 30 接口

[AC-Vlanif30]dhcp select interface         //DHCP 选择接口配置

[AC-Vlanif30]dhcp server gateway-list      //配置 DHCP 分配的网关地址
192.168.30.254

[AC-Vlanif30]quit                          //退出
```

4. 端口配置

配置连接 AP 的接口为 Trunk 模式，修改默认 VLAN 为 AP VLAN，并配置接口放行 VLAN 列表，允许用户和 AP 的 VLAN 通过。

```
[AC]interface range GigabitEthernet 0/0/1        //进入 G0/0/1 和 G0/0/2 端口视图
GigabitEthernet 0/0/2

[AC-port-group]port link-type trunk             //配置接口类型为 Trunk

[AC-port-group]port trunk pvid vlan 10 20 30 99 //配置接口默认 VLAN

[AC-port-group]port trunk allow-pass vlan 99    //配置接口放行 VLAN 列表

[AC-port-group]quit                             //退出
```

任务验证

（1）在 AC 上使用"display ip interface brief"命令查看 IP 地址信息，如下所示。

```
[AC]display ip interface brief
*down: administratively down
^down: standby
```

```
(1): loopback

(s): spoofing

(E): E-Trunk down

The number of interface that is UP in Physical is 3

The number of interface that is DOWN in Physical is 4

The number of interface that is UP in Protocol is 3

The number of interface that is DOWN in Protocol is 4


Interface        IP Address/Mask        Physical     Protocol

LoopBack0        1.1.1.1/32             up           up(s)

NULL0            unassigned            up           up(s)

Vlanif1          169.254.1.1/16        down         down

Vlanif10         192.168.10.254/24     up           up

Vlanif20         192.168.20.254/24     up           up

Vlanif30         192.168.30.254/24     up           up

Vlanif99         192.168.99.254/24     up           up
```

可以看到4个VLANIF接口和1个Loopback接口都已配置了IP地址。

（2）在AC上使用"display port vlan"命令查看端口VLAN信息，如下所示。

```
[AC]display port vlan
Port                         Link Type    PVID  Trunk    VLAN List
--------------------------------------------------------------------

GigabitEthernet0/0/1         trunk        99    1        10 20 30 99

GigabitEthernet0/0/2         trunk        99    1        10 20 30 99

GigabitEthernet0/0/3         hybrid       1     -

GigabitEthernet0/0/4         hybrid       1     -

GigabitEthernet0/0/5         hybrid       1     -

GigabitEthernet0/0/6         hybrid       1     -

GigabitEthernet0/0/7         hybrid       1     -

GigabitEthernet0/0/8         hybrid       1     -
```

可以看到G0/0/1和G0/0/2的链路模式为"trunk"，并且PVID为"99"。

（3）在AC上使用"display ip pool interface vlanif99 used"命令查看DHCP地址下发信息，如下所示。

```
[AC]display ip pool interface vlanif99 used
  Pool-name          : Vlanif99
```

```
    Pool-No              : 0

    Lease                : 1 Days 0 Hours 0 Minutes

    Domain-name          : -

    Option-code          : 43

     Option-subcode      : 3

       Option-type       : ascii

       Option-value      : 1.1.1.1

    ...

    --------------------------------------------------------------------

    Index          IP              Client-ID      Type     Left    Status

    --------------------------------------------------------------------

      72    192.168.99.73         c4b8-b469-3a40   DHCP    86087   Used

      109   192.168.99.110        c4b8-b469-33e0   DHCP    86036   Used

    --------------------------------------------------------------------
```

可以看到 DHCP 已经开始工作，并为 2 台 AP 分配了 IP 地址。

任务 11-2　会展中心 AC 的 WLAN 配置

会展中心 AC 的
WLAN 配置

任务描述

会展中心 AC 的 WLAN 配置包括 SSID 配置、VAP 配置、AP 组配置和 AP 配置。

任务操作

1. SSID 配置

创建 SSID 文件，配置 SSID 名称、加密方式等。

```
[AC]wlan                                          //进入 WLAN 视图

[AC-wlan-view]ssid-profile name guest             //创建 SSID 配置文件

[AC-wlan-ssid-prof-guest]ssid guest               //定义 SSID

[AC-wlan-ssid-prof-guest]quit                     //退出

[AC-wlan-view]ssid-profile name office            //创建 SSID 配置文件

[AC-wlan-ssid-prof-office]ssid office             //定义 SSID

[AC-wlan-ssid-prof-office]quit                    //退出

[AC-wlan-view]ssid-profile name video             //创建 SSID 配置文件

[AC-wlan-ssid-prof-video]ssid video               //定义 SSID
```

```
[AC-wlan-ssid-prof-video]ssid-hide enable              //配置 SSID 隐藏
[AC-wlan-ssid-prof-video]quit                          //退出
[AC-wlan-view]security-profile name office-wpa2        //创建安全加密配置文件
[AC-wlan-sec-prof-office-wpa2]security wpa2            //认证协议 WPA2，
psk pass-phrase 12345678 aes                           密码为 12345678，加密方式
                                                       为 AES
[AC-wlan-sec-prof-office-wpa2]quit                     //退出
```

2. VAP 配置

创建 VAP 文件，关联对应的 SSID 文件、安全加密文件和 VLAN。

```
[AC-wlan-view]vap-profile name guest-vap                   //创建 VAP 配置文件
[AC-wlan-vap-prof-guest-vap]service-vlan vlan-id 10        //配置 VAP 关联 VLAN
[AC-wlan-vap-prof-guest-vap]ssid-profile guest            //配置 VAP 关联 SSID 文件
[AC-wlan-vap-prof-guest-vap]quit                           //退出
[AC-wlan-view]vap-profile name office-vap                  //创建 VAP 配置文件
[AC-wlan-vap-prof-office-vap]service-vlan vlan-id 20       //配置 VAP 关联 VLAN
[AC-wlan-vap-prof-office-vap]ssid-profile office          //配置 VAP 关联 SSID 文件
[AC-wlan-vap-prof-office-vap]security-profile             //配置 VAP 关联安全加密文件
office-wpa2
[AC-wlan-vap-prof-office-vap]quit                          //退出
[AC-wlan-view]vap-profile name video-vap                   //创建 VAP 配置文件
[AC-wlan-vap-prof-video-vap]service-vlan vlan-id 30       //配置 VAP 关联 VLAN
[AC-wlan-vap-prof-video-vap]ssid-profile video           //配置 VAP 关联 SSID 文件
[AC-wlan-vap-prof-video-vap]quit                          //退出
```

3. AP 组配置

创建 AP 组，并将 VAP 文件绑定到对应的 WLAN 中。

```
[AC-wlan-view]ap-group name HZZX                  //创建 AP 组 HZZX
[AC-wlan-ap-group-HZZX]vap-profile guest-vap      //绑定 VAP 到 WLAN 1 的
wlan 1 radio 0                                    2.4GHz 射频卡 0
[AC-wlan-ap-group-HZZX]vap-profile guest-vap      //绑定 VAP 到 WLAN 1 的
wlan 1 radio 1                                    5GHz 射频卡 1
[AC-wlan-ap-group-HZZX]vap-profile office-vap     //绑定 VAP 到 WLAN 2 的
wlan 2 radio 0                                    2.4GHz 射频卡 0
[AC-wlan-ap-group-HZZX]vap-profile office-vap     //绑定 VAP 到 WLAN 2 的
wlan 2 radio 1                                    5GHz 射频卡 1
```

```
[AC-wlan-ap-group-HZZX]vap-profile video-vap          //绑定 VAP 到 WLAN 3 的
wlan 3 radio 0                                         2.4GHz 射频卡 0
[AC-wlan-ap-group-HZZX]vap-profile video-vap          //绑定 VAP 到 WLAN 3 的
wlan 3 radio 1                                         5GHz 射频卡 1
[AC-wlan-ap-group-HZZX]quit                            //退出
```

4. AP 配置

修改 AP 的名称, 并将 AP 加入 AP 组。

```
[AC-wlan-view]ap-id 1 ap-mac c4b8-b469-3a40    //绑定 AP 1 的 MAC 地址
[AC-wlan-ap-1]ap-name HZZX-AP4050-1            //修改 AP 名称
[AC-wlan-ap-1]ap-group HZZX                    //将 AP1 加入 AP 组 HZZX
[AC-wlan-ap-1]quit                             //退出
[AC-wlan-view]ap-id 2 ap-mac c4b8-b469-33e0    //绑定 AP 2 的 MAC 地址
[AC-wlan-ap-2]ap-name HZZX-AP4050-2            //修改 AP 名称
[AC-wlan-ap-2]ap-group HZZX                    //将 AP2 加入 AP 组 HZZX
[AC-wlan-ap-2]quit                             //退出
```

任务验证

（1）在 AC 上使用"display vap-profile all"命令查看 VAP 文件信息, 如下所示。

```
[AC]display vap-profile all
FMode    : Forward mode
STA U/D  : Rate limit client up/down
VAP U/D  : Rate limit VAP up/down
BR2G/5G  : Beacon 2.4G/5G rate
--------------------------------------------------------------------------
Name        FMode    VLAN      AuthType    STA U/D(Kbps)  VAP U/D(Kbps)  BR2G/5G(Mbps)  Reference  SSID
--------------------------------------------------------------------------
guest-vap   direct   VLAN 10   Open        -/-            -/-            1/6            2          guest
office-vap  direct   VLAN 20   WPA2-PSK    -/-            -/-            1/6            2          office
video-vap   direct   VLAN 30   Open        -/-            -/-            1/6            2          video
--------------------------------------------------------------------------
Total: 4
```

可以看到已经创建了"guest""office""video"SSID。

（2）在 AC 上使用"display ap all"命令查看已注册的 AP 信息, 如下所示。

```
[AC]display ap all
```

```
Info: This operation may take a few seconds. Please wait for a moment.done.
Total AP information:
nor  : normal          [2]
--------------------------------------------------------------------------------
ID   MAC              Name        Group IP          Type      State   STA  Uptime
--------------------------------------------------------------------------------
1    c4b8-b469-3a40   HZZX-AP4050-1 HZZX 192.168.99.73    AP4050DN nor    0    24M:33S
2    c4b8-b469-33e0   HZZX-AP4050-2 HZZX 192.168.99.110   AP4050DN nor    0    24M:42S
--------------------------------------------------------------------------------
Total: 2
```

可以看到两个 AP 的状态为 "nor"，表示 AP 已经正常工作。

✎ 项目验证

项目验证

（1）在 PC 上搜索无线信号，可以看到 "guest" 和 "office" 两个 SSID，如图 11-20 所示。

图 11-20　在 PC 上搜索无线信号

（2）PC 可以直接连接无线信号"guest"，如图 11-21 所示。

图 11-21　PC 可以直接连接无线信号"guest"

（3）在 PC 上按【Windows+X】组合键，在弹出的菜单中选择"Windows PowerShell"命令，打开"Windows PowerShell"窗口，使用"ipconfig"命令查看 IP 地址信息，如图 11-22 所示。可以看到 PC 获取了 192.168.10.0/24 网段的 IP 地址。

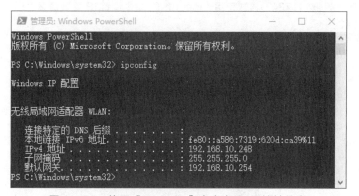

图 11-22　使用"ipconfig"命令查看 IP 地址信息

（4）PC 连接无线信号"office"，需要输入密码，如图 11-23 所示。

（5）PC 连接无线信号"office"后，按步骤（3）所述方法再次使用"ipconfig"命令查看 IP 地址信息，如图 11-24 所示。可以看到 PC 获取了 192.168.20.0/24 网段的 IP 地址。

图 11-23　PC 连接无线信号"office"

图 11-24　再次使用"ipconfig"命令查看 IP 地址信息

（6）PC 连接隐藏的网络，输入"video"，可以连接成功，如图 11-25 所示。

图 11-25　PC 连接隐藏的网络

（7）PC 连接无线信号"video"后，按步骤（3）所述方法第 3 次使用"ipconfig"命令查看 IP 地址信息，如图 11-26 所示。可以看到 PC 获取了 192.168.30.0/24 网段的 IP 地址。

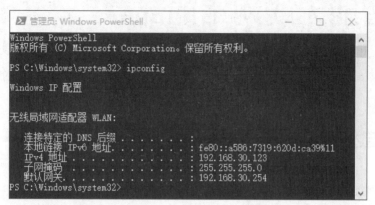

图 11-26　第 3 次使用"ipconfig"命令查看 IP 地址信息

项目拓展

（1）Fit AP 环境下可使用"（　　　）"命令查看 AP 的工作信息。

A．show ap-config summary

B．show ap-config running

C．display ap running

D．display ap all

项目实训题 11

（2）无线产品中，AC 使用（　　　）与 AP 建立隧道。

A．互联 VLAN 地址　　　　　　　　B．Loopback0 地址

C．Loopback1 地址　　　　　　　　D．通过命令指定的地址

（3）AP 与 AC 间跨三层网络时，使用 DHCP 的 option（　　　）选项字段来获得 AC 的地址。

A．43　　　　　　B．138　　　　　　C．183　　　　　　D．82

（4）关于 AC 的 CAPWAP 源地址说法正确的是（　　　）。

A．只能用 Loopback0 接口地址作为 CAPWAP 隧道源地址

B．可以指定其他接口地址作为 CAPWAP 隧道源地址

C．只能用 Loopback 接口地址作为 CAPWAP 隧道源地址

D．只能用 WLAN 接口地址作为 CAPWAP 隧道源地址

项目12
酒店智能无线网络的部署

12

项目描述

　　某酒店因未提供无线网络导致入住率较低，客户反馈酒店只提供有线网络，不便于手机和平板计算机的网络接入。为了给客户提供更好的网络服务，酒店决定委托 Jan16 公司对酒店网络进行改造，实现无线网络覆盖，确保房间信号覆盖无死角，满足客户网上交流及高清视频等需求。

　　酒店房间沿走廊呈对称型结构，房间入口一侧为洗漱间，现有有线网络已经部署到房间内部办公台墙面内。为降低成本，酒店希望在不影响营业和不破坏原有装修的情况下进行无线网络项目改造。

1. 产品选型

　　（1）考虑到现有酒店房间布局，该场景不适合采用走廊放装型无线 AP 部署。酒店无线网络部署要求利旧，而敏捷分布式方案需进行馈线和天线安装，需要重新布线，所以敏捷分布式无线 AP 部署并不适合。因此该项目适合采用面板式无线 AP 部署。

　　（2）将面板式无线 AP 部署到各个房间内可以很好地满足酒店房间无线信号覆盖要求，且无须布线并保留了原有有线网络接入。

2. 无线网络规划与建设

　　利用原有有线网络建设无线网络，通常可以将接入层交换机连接到无线 AC，再将无线 AP 接入接入层交换机。

　　本次酒店升级改造项目中，酒店客房约 60 间，无线 AP 数量为 60～70，因此可以选用适合中小型无线网络使用的 AC6005 作为 AC，并接入酒店交换机。面板式无线 AP 型号为 AP2030DN，它集成了有线网络接口，可替换原有网络终端模块，并可安装在 86 底盒上。它不仅可满足用户无线网络接入要求，而且可兼顾原有线终端设备的接入。面板式无线 AP 需要采用 PoE 供电，因此本次改造需要将原交换机替换为 PoE 交换机。

　　综上，本次项目改造具体有以下几个部分。

　　（1）使用 PoE 交换机替换原交换机，并将该交换机连接到 AC 中。

（2）酒店无线网络的 VLAN 规划、IP 地址规划、WLAN 规划等。

（3）酒店无线网络的部署与测试。

📝 项目相关知识

12.1　PoE 概述

　　PoE 是指通过以太网进行供电，也被称为基于局域网的供电系统。它可以通过 10BASE-T、100BASE-TX、1000BASE-T 以太网供电。PoE 可有效解决 IP 电话、AP、摄像头、数据采集等终端的集中式电源供电问题。部署 AP 不需要再考虑其室内电源系统布线的问题，在接入网络的同时就可以实现对设备的供电。使用 PoE 供电方式可节省电源布线成本，方便统一管理。

　　IEEE 802.3af 和 IEEE 802.3at 是 IEEE 定义的两种 PoE 供电标准。IEEE 802.3af 可以为终端提供的最大功率约为 13W，普遍适用于网络电话、室内无线 AP 等设备；IEEE 802.3at 可以为终端提供的最大功率约为 26W，普遍适用于室外无线 AP、视频监控系统、个人终端等。

12.2　AP 的供电方式

　　AP 的供电方式有 PoE 交换机供电、本地供电、PoE 模块供电 3 种。

1. PoE 交换机供电

　　PoE 交换机供电是指由 PoE 交换机负责 AP 的数据传输和供电。PoE 交换机是一种内置了 PoE 供电模块的以太网交换机，其供电距离在 100m 以内。PoE 交换机如图 12-1 所示。

图 12-1　PoE 交换机

2. 本地供电

　　本地供电是指通过与 AP 适配的电源适配器为 AP 独立供电。这种供电方式不方便取电，需要充分考虑强电系统的布线和供电。放装型 AP4050DN 及其电源适配器如图 12-2 所示。

图 12-2　放装型 AP4050DN 及其电源适配器

3. PoE 模块供电

PoE 模块供电是指由 PoE 适配器负责 AP 的数据传输和供电。这种供电方式不需要取电，其稳定性不如 PoE 交换机供电，适用于部署少量 AP 的情况。PoE 适配器如图 12-3 所示。

图 12-3　PoE 适配器

综上所述，在本项目的酒店无线网络部署中，最适合使用 PoE 交换机供电方式。

📝 项目规划设计

项目拓扑

酒店已有有线网络，本项目中要将交换机更换为带 PoE 供电的交换机（L2SW），AP 连接在交换机上，再通过交换机连接到 AC，其网络拓扑如图 12-4 所示。

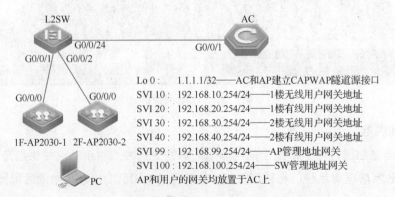

图 12-4　酒店智能无线网络部署项目的网络拓扑

项目规划

根据图 12-4 所示的网络拓扑进行项目的业务规划，项目 12 的 VLAN 规划、设备管理规划、端口互联规划、IP 地址规划、VAP 规划、AP 组规划、AP 规划见表 12-1～表 12-7。

表 12-1　项目 12 VLAN 规划

VLAN ID	VLAN 命名	网段	用途
VLAN 10	User-Wifi-1F	192.168.10.0/24	1 楼无线用户网段
VLAN 20	User-Wire-1F	192.168.20.0/24	1 楼有线用户网段
VLAN 30	User-Wifi-2F	192.168.30.0/24	2 楼无线用户网段
VLAN 40	User-Wire-2F	192.168.40.0/24	2 楼有线用户网段
VLAN 99	AP-Guanli	192.168.99.0/24	AP 管理网段
VLAN 100	SW-Guanli	192.168.100.0/24	交换机管理网段

表 12-2　项目 12 设备管理规划

设备类型	型号	设备命名	用户名	密码
无线接入点	AP2030DN	1F-AP2030-1	N/A	N/A
		2F-AP2030-2	N/A	N/A
无线控制器	AC6005	AC	admin	Huawei@123
交换机	S5700	SW	admin	Huawei@123

表 12-3　项目 12 端口互联规划

本端设备	本端端口	端口配置	对端设备	对端端口
1F-AP2030-1	G0/0/0	N/A	L2SW	G0/0/1
2F-AP2030-2	G0/0/0	N/A	L2SW	G0/0/2
L2SW	G0/0/1	trunk native 99	1F-AP2030-1	G0/0/0
L2SW	G0/0/2	trunk native 99	2F-AP2030-2	G0/0/0
L2SW	G0/0/24	trunk	AC	G0/0/1
AC	G0/0/1	trunk	L2SW	G0/0/24

表 12-4　项目 12 IP 地址规划

设备	接口	IP 地址	用途
AC	Loopback0	1.1.1.1/32	CAPWAP
	VLAN 10	192.168.10.1/24～192.168.10.253/24	DHCP 分配给 1 楼无线用户
		192.168.10.254/24	1 楼无线用户网关
	VLAN 20	192.168.20.1/24～192.168.20.253/24	DHCP 分配给 1 楼有线用户
		192.168.20.254/24	1 楼有线用户网关

续表

设备	接口	IP 地址	用途
AC	VLAN 30	192.168.30.1/24～192.168.30.253/24	DHCP 分配给 2 楼无线用户
		192.168.30.254/24	2 楼无线用户网关
	VLAN 40	192.168.40.1/24～192.168.40.253/24	DHCP 分配给 2 楼有线用户
		192.168.40.254/24	2 楼有线用户网关
	VLAN 99	192.168.99.1/24～192.168.99.253/24	DHCP 分配给 AP
		192.168.99.254/24	AP 管理地址网关
	VLAN 100	192.168.100.254/24	SW 管理地址网关
L2SW	VLAN 100	192.168.100.1/24	SW 管理地址
1F-AP2030-1	VLAN 99	DHCP	AP 管理地址
2F-AP2030-2	VLAN 99	DHCP	AP 管理地址

表 12-5　项目 12 VAP 规划

VAP	VLAN	SSID	是否加密	是否广播
1F-vap	10	Huawei	否（默认）	是（默认）
2F-vap	20	Huawei	否（默认）	是（默认）

表 12-6　项目 12 AP 组规划

AP 组	VAP	WLAN ID	射频卡 ID
1F	1F-vap	1	0
2F	2F-vap	1	0

表 12-7　项目 12 AP 规划

AP 名称	MAC 地址	AP 组	频率与信道	功率
1F-AP2030-1	c4b8-b469-3b4c	1F	2.4GHz,1	100%（默认）
2F-AP2030-2	c4b8-b469-3de0	2F	2.4GHz,6	100%（默认）

项目实践

任务 12-1　酒店交换机的配置

酒店交换机的配置

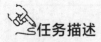任务描述

酒店交换机的配置包括远程管理配置、VLAN 和 IP 地址配置、端口配置、默认路由配置。

任务操作

1. 远程管理配置

配置远程登录和管理密码。

```
<Quidway>system-view                               //进入系统视图

[Quidway]sysname L2SW                              //配置设备名称

[L2SW]user-interface vty 0 4                       //进入虚拟链路

[L2SW-ui-vty0-4]protocol inbound telnet            //配置协议为 telnet

[L2SW-ui-vty0-4]authentication-mode aaa            //配置认证模式为 AAA

[L2SW-ui-vty0-4]quit                               //退出

[L2SW]aaa                                          //进入 AAA 视图

[L2SW-aaa]local-user admin password                //创建 admin 用户并配置密
irreversible-cipher Huawei@123                        码为 Huawei@123

[L2SW-aaa]local-user admin service-type telnet//配置用户类型为 telnet 用户

[L2SW-aaa]local-user admin privilege level 15  //配置用户等级为 15

[L2SW-aaa]quit                                     //退出
```

2. VLAN 和 IP 地址配置

创建各部门使用的 VLAN，配置设备的 IP 地址作为管理地址。

```
[L2SW]vlan 10                                      //创建 VLAN 10

[L2SW-vlan10]name User-Wifi-1F                     //VLAN 命名为 User-Wifi-1F

[L2SW-vlan10]quit                                  //退出

[L2SW]vlan 20                                      //创建 VLAN 20

[L2SW-vlan20]name User-Wire-1F                     //VLAN 命名为 User-Wire-1F

[L2SW-vlan20]quit                                  //退出

[L2SW]vlan 30                                      //创建 VLAN 30

[L2SW-vlan30]name User-Wifi-2F                     //VLAN 命名为 User-Wifi-2F

[L2SW-vlan30]quit                                  //退出

[L2SW]vlan 40                                      //创建 VLAN 40

[L2SW-vlan40]name User-Wire-2F                     //VLAN 命名为 User-Wire-2F

[L2SW-vlan40]quit                                  //退出

[L2SW]vlan 99                                      //创建 VLAN 99

[L2SW-vlan99]name AP-Guanli                        //VLAN 命名为 AP-Guanli

[L2SW-vlan99]quit                                  //退出

[L2SW]vlan 100                                     //创建 VLAN 100
```

```
[L2SW-vlan100]name SW-Guanli                     //VLAN 命名为 SW-Guanli
[L2SW-vlan100]quit                               //退出
[L2SW]interface Vlanif 100                       //进入 VLANIF 100 接口
[L2SW-Vlanif100]ip address 192.168.100.1 24      //配置 IP 地址
[L2SW-Vlanif100]quit                             //退出
```

3. 端口配置

配置连接 AP 的端口为 Trunk 模式，修改默认 VLAN 为 AP VLAN，并配置端口放行 VLAN 列表，允许用户和 AP 的 VLAN 通过；配置连接 AC 的端口为 Trunk 模式，配置端口放行 VLAN 列表，允许用户、AP 和 SW 管理的 VLAN 通过。

```
[L2SW]interface range GigabitEthernet 0/0/1   //进入 G0/0/1-2 端口视图
to GigabitEthernet 0/0/2
[L2SW-port-group]port link-type trunk          //配置端口链路模式为 Trunk
[L2SW-port-group] port trunk pvid vlan 99      //配置端口默认 VLAN
[L2SW-port-group] port trunk allow-pass vlan   //配置端口放行 VLAN 列表
10 20 30 40 99
[L2SW-port-group]quit                          //退出
[L2SW]interface GigabitEthernet 0/0/24         //进入 G0/0/24 端口视图
[L2SW-GigabitEthernet0/0/24]port link-type     //配置端口链路模式为 Trunk
trunk
[L2SW-GigabitEthernet0/0/24] port trunk        //配置端口放行 VLAN 列表
allow-pass vlan 10 20 30 40 99 100
[L2SW-GigabitEthernet0/0/1]quit                //退出
```

4. 默认路由配置

配置默认路由，下一跳指向设备管理地址网关。

```
[L2SW]ip route-static 0.0.0.0 0.0.0.0 192.168.100.254 //配置管理地址的默认网关
```

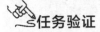 任务验证

（1）在 L2SW 上使用"display port vlan"命令查看接口信息，如下所示。

```
[L2SW]display port vlan
Port                    Link Type  PVID  Trunk VLAN List
-----------------------------------------------------------------
GigabitEthernet0/0/1    trunk      99    1 10 20 30 40 99
GigabitEthernet0/0/2    trunk      99    1 10 20 30 40 99
GigabitEthernet0/0/3    desirable  1     1-4094
```

```
GigabitEthernet0/0/4          desirable      1      1-4094

                    ...

GigabitEthernet0/0/23         desirable      1      1-4094

GigabitEthernet0/0/24         trunk          1      1 10 20 30 40 99-100
```

可以看到 G0/0/1、G0/0/2 和 G0/0/24 的链路模式为"trunk",并且 G0/0/1、G0/0/2 的 PVID 为"99"。

（2）在 L2SW 上使用"display ip interface brief"命令查看 IP 地址信息,如下所示。

```
[L2SW]display ip interface brief
*down: administratively down
^down: standby
(l): loopback
(s): spoofing
(E): E-Trunk down
The number of interface that is UP in Physical is 1
The number of interface that is DOWN in Physical is 2
The number of interface that is UP in Protocol is 1
The number of interface that is DOWN in Protocol is 2


Interface                   IP Address/Mask        Physical    Protocol
MEth0/0/1                   unassigned             down        down
NULL0                       unassigned             up          up(s)
Vlanif100                   192.168.100.1/24       up          up
```

可以看到 VLANIF 100 接口已经配置了 IP 地址。

任务 12-2 酒店 AC 的基础配置

酒店 AC 的基础
配置

任务描述

酒店 AC 的基础配置包括远程管理配置、VLAN 和 IP 地址配置、DHCP 配置、端口配置。

任务操作

1. 远程管理配置

配置远程登录和管理密码。

```
<AC6005>system-view                    //进入系统视图
[AC6005]sysname AC                     //配置设备名称
```

```
[AC]user-interface vty 0 4                        //进入虚拟链路
[AC-ui-vty0-4]protocol inbound telnet             //配置协议为 telnet
[AC-ui-vty0-4]authentication-mode aaa             //配置认证模式为 AAA
[AC-ui-vty0-4]quit                                //退出
[AC]aaa                                           //进入 AAA 视图
[AC-aaa]local-user admin password irreversible-   //创建 admin 用户并配置密
cipher Huawei@123                                 码为 Huawei@123
[AC-aaa]local-user admin service-type telnet      //配置用户类型为 telnet 用户
[AC-aaa]local-user admin privilege level 15       //配置用户等级为 15
[AC-aaa]quit                                      //退出
```

2．VLAN 和 IP 地址配置

创建 VLAN，配置设备的 IP 地址，即各用户的网关地址，同时创建 Loopback0 接口，配置其 IP 地址作为 AC 的 CAPWAP 隧道地址。

```
[AC]vlan 10                                       //创建 VLAN 10
[AC-vlan10]name User-Wifi-1F                      //VLAN 命名为 User-Wifi-1F
[AC-vlan10]quit                                   //退出
[AC]vlan 20                                       //创建 VLAN 20
[AC-vlan20]name User-Wire-1F                      //VLAN 命名为 User-Wire-1F
[AC-vlan20]quit                                   //退出
[AC]vlan 30                                       //创建 VLAN 30
[AC-vlan30]name User-Wifi-2F                      //VLAN 命名为 User-Wifi-2F
[AC-vlan30]quit                                   //退出
[AC]vlan 40                                       //创建 VLAN 40
[AC-vlan40]name User-Wire-2F                      //VLAN 命名为 User-Wire-2F
[AC-vlan40]quit                                   //退出
[AC]vlan 99                                       //创建 VLAN 99
[AC-vlan99]name AP-Guanli                         //VLAN 命名为 AP-Guanli
[AC-vlan99]quit                                   //退出
[AC]vlan 100                                      //创建 VLAN 100
[AC-vlan100]name SW-Guanli                        //VLAN 命名为 SW-Guanli
[AC-vlan100]quit                                  //退出
[AC]interface Vlanif 10                           //进入 VLANIF 10 接口
[AC-Vlanif10]ip address 192.168.10.254 24         //配置 IP 地址
[AC-Vlanif10]quit                                 //退出
```

```
[AC]interface Vlanif 20                      //进入 VLANIF 20 接口
[AC-Vlanif20]ip address 192.168.20.254 24    //配置 IP 地址
[AC-Vlanif20]quit                            //退出
[AC]interface Vlanif 30                      //进入 VLANIF 30 接口
[AC-Vlanif30]ip address 192.168.30.254 24    //配置 IP 地址
[AC-Vlanif30]quit                            //退出
[AC]interface Vlanif 40                      //进入 VLANIF 40 接口
[AC-Vlanif40]ip address 192.168.40.254 24    //配置 IP 地址
[AC-Vlanif40]quit                            //退出
[AC]interface Vlanif 99                      //进入 VLANIF 99 接口
[AC-Vlanif99]ip address 192.168.99.254 24    //配置 IP 地址
[AC-Vlanif99]quit                            //退出
[AC]interface Vlanif 100                     //进入 VLANIF 100 接口
[AC-Vlanif100]ip address 192.168.100.254 24  //配置 IP 地址
[AC-Vlanif100]quit                           //退出
[AC]interface LoopBack 0                      //进入 Loopback0 接口
[AC-LoopBack0]ip address 1.1.1.1 32          //配置 IP 地址
[AC-LoopBack0]quit                           //退出
[AC]capwap source interface LoopBack 0       //指定 CAPWAP 隧道源接口
```

3. DHCP 配置

开启 DHCP 功能，创建 AP 和用户的 DHCP 地址池。

```
[AC]dhcp enable                              //开启 DHCP 功能
[AC]interface Vlanif 99                      //进入 VLANIF 99 接口
[AC-Vlanif99]dhcp select interface           //DHCP 选择接口配置
[AC-Vlanif99]dhcp server gateway-list        //配置 DHCP 分配的网关地址
192.168.99.254
[AC-Vlanif99]dhcp server option 43 sub-option //配置 DHCP 分配的选项字段，
3 ascii 1.1.1.1                               用于 AP 与 AC 建立隧道
[AC-Vlanif99]quit                            //退出
[AC]interface Vlanif 10                      //进入 VLANIF 10 接口
[AC-Vlanif10]dhcp select interface           //DHCP 选择接口配置
[AC-Vlanif10]dhcp server gateway-list        //配置 DHCP 分配的网关地址
192.168.10.254
[AC-Vlanif10]quit                            //退出
```

```
[AC]interface Vlanif 20                    //进入 VLANIF 20 接口
[AC-Vlanif20]dhcp select interface         //DHCP 选择接口配置
[AC-Vlanif20]dhcp server gateway-list      //配置 DHCP 分配的网关地址
192.168.20.254
[AC-Vlanif20]quit                          //退出
[AC]interface Vlanif 30                    //进入 VLANIF 30 接口
[AC-Vlanif30]dhcp select interface         //DHCP 选择接口配置
[AC-Vlanif30]dhcp server gateway-list      //配置 DHCP 分配的网关地址
192.168.30.254
[AC-Vlanif30]quit                          //退出
[AC]interface Vlanif 40                    //进入 VLANIF 40 接口
[AC-Vlanif40]dhcp select interface         //DHCP 选择接口配置
[AC-Vlanif40]dhcp server gateway-list      //配置 DHCP 分配的网关地址
192.168.40.254
[AC-Vlanif40]quit                          //退出
```

4．端口配置

配置连接交换机的端口为 Trunk 模式，并配置端口放行 VLAN 列表，允许用户和 AP 的 VLAN 通过。

```
[AC]interface range GigabitEthernet 0/0/1      //进入 G0/0/1 端口视图
[AC-port-group]port link-type trunk            //配置端口链路模式为 Trunk
[AC-port-group]port trunk allow-pass vlan 10 20  //配置端口放行 VLAN 列表
30 40 99 100
[AC-port-group]quit                            //退出
```

任务验证

（1）在 AC 上使用"display ip interface brief"命令查看 IP 地址信息，如下所示。

```
[AC]display ip interface brief
*down: administratively down
^down: standby
(l): loopback
(s): spoofing
(E): E-Trunk down
The number of interface that is UP in Physical is 3
The number of interface that is DOWN in Physical is 4
```

```
The number of interface that is UP in Protocol is 3
The number of interface that is DOWN in Protocol is 4


Interface        IP Address/Mask        Physical      Protocol
LoopBack0        1.1.1.1/32             up            up(s)
NULL0            unassigned             up            up(s)
Vlanif1          169.254.1.1/16         up            up
Vlanif10         192.168.10.254/24      up            up
Vlanif20         192.168.20.254/24      up            up
Vlanif30         192.168.30.254/24      up            up
Vlanif40         192.168.40.254/24      up            up
Vlanif99         192.168.99.254/24      up            up
```

可以看到 5 个 VLANIF 接口和 1 个 Loopback0 接口都已配置了 IP 地址。

（2）在 AC 上使用"display port vlan"命令查看接口 VLAN 信息，如下所示。

```
[AC]display port vlan
Port                      Link Type    PVID  Trunk    VLAN List
-------------------------------------------------------------------------
GigabitEthernet0/0/1      trunk        1     1        10 20 30 40 99-100
GigabitEthernet0/0/2      hybrid       1     -
GigabitEthernet0/0/3      hybrid       1     -
GigabitEthernet0/0/4      hybrid       1     -
GigabitEthernet0/0/5      hybrid       1     -
GigabitEthernet0/0/6      hybrid       1     -
GigabitEthernet0/0/7      hybrid       1     -
GigabitEthernet0/0/8      hybrid       1     -
```

可以看到 G0/0/1 端口已经修改为"trunk"模式，并且端口放行 VLAN 列表中放行了相应 VLAN。

（3）在 AC 上使用"display ip pool interface vlanif99 used"命令查看 DHCP 地址下发信息，如下所示。

```
[AC]display ip pool interface vlanif99 used
  Pool-name         : Vlanif99
  Pool-No           : 0
  Lease             : 1 Days 0 Hours 0 Minutes
  Domain-name       : -
```

```
    Option-code      : 43

     Option-subcode   : 3

      Option-type     : ascii

      Option-value    : 1.1.1.1

              …

    ------------------------------------------------------------------

    Client-ID format as follows:

      DHCP : mac-address              PPPoE   : mac-address

      IPSec : user-id/portnumber/vrf   PPP     : interface index

      L2TP : cpu-slot/session-id       SSL-VPN : user-id/session-id

    ------------------------------------------------------------------

      Index        IP            Client-ID      Type    Left  Status

    ------------------------------------------------------------------

    193  192.168.99.194        c4b8-b469-3de0   DHCP   86332  Used

    209  192.168.99.210        c4b8-b469-3b4c   DHCP   86361  Used

    ------------------------------------------------------------------
```

可以看到 DHCP 已经开始工作，并为 2 台 AP 分配了 IP 地址。

任务 12-3　酒店 AC 的 WLAN 配置

酒店 AC 的 WLAN
配置

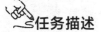任务描述

　　酒店 AC 的 WLAN 配置包括 SSID 配置、VAP 配置、AP 有线接口配置、AP 组配置、AP 配置。

任务操作

1. SSID 配置

创建 SSID 文件，配置 SSID 名称。

```
[AC]wlan                                    //进入 WLAN 视图

[AC-wlan-view]ssid-profile name Huawei      //创建 SSID 配置文件

[AC-wlan-ssid-prof-guest]ssid Huawei        //定义 SSID

[AC-wlan-ssid-prof-guest]quit               //退出
```

2. VAP 配置

创建 VAP 配置文件，关联对应的服务 VLAN、SSID 文件。

```
[AC-wlan-view]vap-profile name 1F-vap              //创建 VAP 配置文件
[AC-wlan-vap-prof-1F-vap]service-vlan vlan-id 10  //配置 VAP 关联 VLAN
[AC-wlan-vap-prof-1F-vap]ssid-profile Huawei      //配置 VAP 关联 SSID 文件
[AC-wlan-vap-prof-1F-vap]quit                     //退出
[AC-wlan-view]vap-profile name 2F-vap             //创建 VAP 配置文件
[AC-wlan-vap-prof-2F-vap]service-vlan vlan-id 30  //配置 VAP 关联 VLAN
[AC-wlan-vap-prof-2F-vap]ssid-profile Huawei      //配置 VAP 关联 SSID 文件
[AC-wlan-vap-prof-2F-vap]quit                     //退出
```

3. AP 有线接口配置

创建有线接口配置文件，配置接口模式和 VLAN 信息。

```
[AC-wlan-view]wired-port-profile name Wire-1F     //创建有线接口配置文件
[AC-wlan-wired-port-Wire-1F]mode endpoint         //模式为终端接口
[AC-wlan-wired-port-Wire-1F]vlan untagged 20      //VLAN 20 去掉标签
[AC-wlan-wired-port-Wire-1F]vlan pvid 20          //接口默认 VLAN 为 20
[AC-wlan-wired-port-Wire-1F]quit                  //退出
[AC-wlan-view]wired-port-profile name Wire-2F     //创建有线接口配置文件
[AC-wlan-wired-port-Wire-2F]mode endpoint         //模式为终端接口
[AC-wlan-wired-port-Wire-2F]vlan untagged 40      //VLAN 40 去掉标签
[AC-wlan-wired-port-Wire-2F]vlan pvid 40          //接口默认 VLAN 为 40
[AC-wlan-wired-port-Wire-2F]quit                  //退出
```

4. AP 组配置

创建 AP 组，并将 VAP 配置文件绑定到对应的 WLAN 中。

```
[AC-wlan-view]ap-group name 1F                    //创建 AP 组 1F
[AC-wlan-ap-group-1F]vap-profile 1F-vap wlan 1    //绑定 VAP 到 WLAN 1 的
radio 0                                           2.4GHz 射频卡 0
[AC-wlan-ap-group-1F]wired-port-profile Wire-     //绑定有线接口配置文件到
1F ethernet 0                                     Eth0/0/0
[AC-wlan-ap-group-1F]wired-port-profile Wire-     //绑定有线接口配置文件到
1F ethernet 1                                     Eth0/0/1
[AC-wlan-ap-group-1F]wired-port-profile Wire-     //绑定有线接口配置文件到
1F ethernet 2                                     Eth0/0/2
[AC-wlan-ap-group-1F]wired-port-profile Wire-     //绑定有线接口配置文件到
1F ethernet 3                                     Eth0/0/3
[AC-wlan-ap-group-1F]quit                         //退出
```

```
[AC-wlan-view]ap-group name 2F                         //创建 AP 组 2F
[AC-wlan-ap-group-2F]vap-profile 2F-vap wlan 1          //绑定 VAP 到 WLAN 1 的
radio 0                                                 2.4GHz 射频卡 0
[AC-wlan-ap-group-2F]wired-port-profile Wire-           //绑定有线接口配置文件到
1F ethernet 0                                           Eth0/0/0
[AC-wlan-ap-group-2F]wired-port-profile Wire-           //绑定有线接口配置文件到
1F ethernet 1                                           Eth0/0/1
[AC-wlan-ap-group-2F]wired-port-profile Wire-           //绑定有线接口配置文件到
1F ethernet 2                                           Eth0/0/2
[AC-wlan-ap-group-2F]wired-port-profile Wire-           //绑定有线接口配置文件到
1F ethernet 3                                           Eth0/0/3
[AC-wlan-ap-group-2F]quit                               //退出
```

5. AP 配置

修改 AP 的名称，并将 AP 加入 AP 组。

```
[AC-wlan-view]ap-id 1 ap-mac c4b8-b469-3b4c            //绑定 AP1 的 MAC 地址
[AC-wlan-ap-1]ap-name 1F-AP2030-1                      //修改 AP 名称
[AC-wlan-ap-1]ap-group 1F                              //将 AP1 加入 AP 组 1F
[AC-wlan-ap-1]quit                                     //退出
[AC-wlan-view]ap-id 2 ap-mac c4b8-b469-3de0            //绑定 AP2 的 MAC 地址
[AC-wlan-ap-2]ap-name 2F-AP2030-2                      //修改 AP 名称
[AC-wlan-ap-2]ap-group 2F                              //将 AP2 加入 AP 组 2F
[AC-wlan-ap-2]quit                                     //退出
```

任务验证

（1）在 AC 上使用"display vap-profile all"命令查看 VAP 文件信息，如下所示。

```
[AC]display vap-profile all
FMode   : Forward mode
STA U/D : Rate limit client up/down
VAP U/D : Rate limit VAP up/down
BR2G/5G : Beacon 2.4G/5G rate
------------------------------------------------------------------------
Name   FMode   VLAN    AuthType  STA U/D(Kbps) VAP U/D(Kbps)  BR2G/5G(Mbps)  Reference  SSID
------------------------------------------------------------------------
1F-vap  direct  VLAN 10  Open      -/-           -/-            1/6            1          Huawei
2F-vap  direct  VLAN 30  Open      -/-           -/-            1/6            1          Huawei
```

```
----------------------------------------------------------------
Total: 4
```

可以看到已经创建了"Huawei"SSID。

（2）在 AC 上使用"display ap all"命令查看已注册的 AP 信息，如下所示。

```
[AC]display ap all
Info: This operation may take a few seconds. Please wait for a moment.done.
Total AP information:
nor  : normal          [2]
----------------------------------------------------------------

ID   MAC            Name        Group IP        Type          State STA  Uptime
----------------------------------------------------------------

1    c4b8-b469-3b4c  1F-AP2030-1  1F    192.168.99.194    AP2030DN  nor  0   2M:13S
2    c4b8-b469-3de0  2F-AP2030-2  2F    192.168.99.210    AP2030DN  nor  0   1M:59S

----------------------------------------------------------------

Total: 2
```

可以看到 2 台 AP 的状态为"nor"，表示 AP 已经正常工作。

📝 项目验证

项目验证

（1）在 PC 上搜索无线信号"Huawei"，单击"连接"按钮，可以正
常接入，如图 12-5 所示。

图 12-5　PC 连接无线信号"Huawei"

（2）在 PC 上按【Windows+X】组合键，在弹出的菜单中选择"Windows PowerShell"命令，打开"Windows PowerShell"窗口，使用"ipconfig"命令查看 IP 地址信息，如图 12-6 所示。可以看到 PC 获取了 192.168.10.0/24 网段的 IP 地址。

（3）PC 连接到 AP 的有线接口，按上一步所述方法再次使用"ipconfig"命令查看 IP 地址信息，如图 12-7 所示。可以看到 PC 获取了 192.168.20.0/24 网段的 IP 地址。

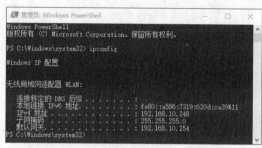

图 12-6　使用"ipconfig"命令查看
IP 地址信息

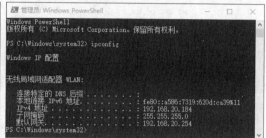

图 12-7　再次使用"ipconfig"命令查看
IP 地址信息

✎ 项目拓展

（1）面板式无线 AP 底下的 4 个接口默认属于（　　）。

    A．VLAN 1　　　　　　　　　　　B．VLAN 2

    C．与无线用户相同的 VLAN　　　　D．无配置

项目实训题 12

（2）关于 AP2030DN 射频卡描述正确的是（　　）。

    A．有一块射频卡，支持 2.4GHz 频段和 5GHz 频段，默认为 2.4GHz 频段

    B．有两块射频卡，分别支持 2.4GHz 频段和 5GHz 频段

    C．有一块射频卡，只支持 2.4GHz 频段

    D．有一块射频卡，只支持 5GHz 频段

（3）wired-port-profile Wire-1F ethernet 0 在（　　）模式下进行配置。

    A．[WLAN]　　　　　　　　　　　B．[wlan-ap-group]

    C．[wlan-vap-prof]　　　　　　　　D．[wlan-ap]

（4）AP2030DN 最多支持（　　）个 WLAN ID。

    A．4　　　　　　　B．8　　　　　　　C．16　　　　　　　D．32

（5）AP 的供电方式有（　　）。（多选）

    A．PoE 交换机供电　　　　　　　　B．电源适配器供电

    C．PoE 模块供电　　　　　　　　　D．直流电源供电

项目13
智能无线网络的安全
认证服务部署

13

项目描述

    Jan16 公司无线网络使用 WPA2 加密方式部署。在网络运营一段时间后，公司发现无线用户数持续增加，但是员工数并未增长。网络管理员通过分析接入用户，发现增长的用户基本属于公司外部人员，这些用户的接入不仅造成员工接入带宽下降，而且带来了安全隐患。

    为解决这个问题，该公司要求对当前无线网络进行接入认证的升级改造，把原有的密码认证升级为实名认证，即每位员工都有唯一的账号和密码，并且账号与员工为一一对应的关系。这样可以避免员工将自己的账号和密码泄露出去，同时又可以提高网络安全性，也符合公安部关于网民实名认证的要求。

    为确保该项目实施的可靠性，前期在公司信息部内部做了测试，接下来第一期拟在公司研发部、销售部启用 Web 认证，做小范围测试。

    无线网络采用 WPA2 密码认证接入方式仅适用于小型企业，所有用户通过相同的密码接入，密码不具备用户辨识性。要解决员工通过分享、泄露等多种方式扩散公司无线网络密码的安全隐患，需实现无线认证与员工个人信息绑定，做到实名认证。目前，业界大多采用比较成熟的 Web 认证技术来解决这一问题。

    无线 AC 内置 Web 认证，相当于在网络中部署一台认证服务器，所有用户接入均通过它进行身份识别，通过验证则允许接入网络。因此，本项目可以通过在无线 AC 上启用本地认证实现用户无线上网的统一身份认证，消除该公司的无线网络接入安全困扰。具体涉及以下两个工作任务。

1. 基础网络配置
配置有线网络与无线网络，实现有线用户与无线用户的连通性。

2. 无线认证配置
在无线 AC 上添加认证设备和用户信息，配置本地认证，实现网络的安全接入认证。

项目相关知识

13.1　AAA 的基本概念

　　AAA 是认证（Authentication）、授权（Authorization）和记账（Accounting）的简称，它提供了认证、授权、记账 3 种安全功能。

　　（1）认证：验证用户的身份和可使用的网络服务。

　　（2）授权：依据认证结果开放网络服务给用户。

　　（3）记账：记录用户对各种网络服务的用量，并提供记账系统。

　　AAA 可以通过多种协议来实现，目前华为大部分设备支持基于远程身份认证拨号用户服务（Remote Authentication Dial-In User Service，RADIUS）协议或华为终端访问控制器访问控制系统（Huawei Terminal Access Controller Access Control System，HWTACACS）协议来实现。

13.2　Web 认证

　　Web 认证是一种对用户访问网络的权限进行控制的身份认证方法，这种认证方法不需要用户安装专用的客户端认证软件，使用普通的浏览器就可以进行身份认证。

　　未认证用户使用浏览器上网时，接入设备会强制浏览器访问特定站点，也就是 Web 认证服务器，通常称为 Portal 服务器。用户无须认证即可享受 Portal 服务器上的服务，例如下载安全补丁、阅读公告信息等。当用户需要访问认证服务器以外的网络资源时，就必须通过浏览器在 Portal 服务器上进行身份认证，认证的用户信息保存在 AAA 服务器上；由 AAA 服务器来判断用户是否通过身份认证，只有认证通过后才可以使用认证服务器以外的网络资源。

　　除了认证的便利性之外，由于 Portal 服务器与用户的浏览器有界面交互，可以利用这个特性在 Portal 服务器界面提供广告、通知、业务链接等个性化的服务，因此 Web 认证具有很好的应用前景。

13.3　本地认证

　　Web 认证采用本地认证。AC 内置了 Web 认证所需的 Portal、AAA 等功能，可以将 AC 作为 AAA 服务器，AC 设备此时被称为本地 AAA 服务器。本地 AAA 服务器支持对用户进行认证和授权，不支持对用户进行记账。

　　本地 AAA 服务器需要配置本地用户的用户名、密码、授权信息等。使用本地 AAA 服务

器进行认证和授权比使用远端 AAA 服务器的速度快，可以降低运营成本，但是存储信息量
受设备硬件条件限制。

项目规划设计

项目拓扑

公司的 AP 连接在接入交换机（L2SW），核心交换机（L3SW）作为公司网络的中心结
点，AC 和接入交换机都连接在核心交换机上，其网络拓扑如图 13-1 所示。

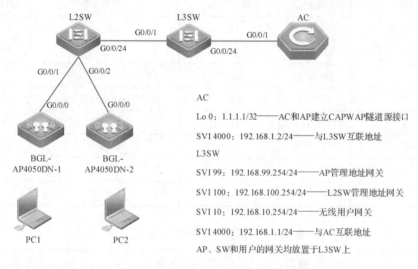

图 13-1　智能无线网络的安全认证服务部署项目的网络拓扑

项目规划

根据图 13-1 所示的网络拓扑和项目描述进行项目的业务规划，项目 13 的 VLAN 规划、
设备管理规划、端口互联规划、IP 地址规划、VAP 规划、AP 组规划、AP 规划见表 13-1～
表 13-7。

表 13-1　项目 13 VLAN 规划

VLAN-ID	VLAN 命名	网段	用途
VLAN 10	User-Wifi	192.168.10.0/24	无线用户网段
VLAN 99	AP-Guanli	192.168.99.0/24	AP 管理网段
VLAN 100	SW-Guanli	192.168.100.0/24	L2SW 管理网段
VLAN 4000	Link--AC-vlan 4000--	192.168.1.0/24	L3SW 与 AC 互联网段

表 13-2　项目 13 设备管理规划

设备类型	型号	设备命名	用户名	密码
无线接入点	AP4050DN	BGL-AP4050DN-1	N/A	N/A
		BGL-AP4050DN-2	N/A	N/A
无线控制器	AC6005	AC	admin	Huawei@123
接入交换机	S3700	L2SW	admin	Huawei@123
核心交换机	S5700	L3SW	admin	Huawei@123

表 13-3　项目 13 端口互联规划

本端设备	本端端口	端口配置	对端设备	对端端口
BGL-AP4050DN-1	G0/0/0	N/A	L2SW	G0/0/1
BGL-AP4050DN-2	G0/0/0	N/A	L2SW	G0/0/2
L2SW	G0/0/1	trunk	BGL-AP4050DN-1	G0/0/0
L2SW	G0/0/2	trunk	BGL-AP4050DN-2	G0/0/0
L2SW	G0/0/24	trunk	L3SW	G0/0/1
L3SW	G0/0/1	trunk	L2SW	G0/0/24
L3SW	G0/0/24	trunk	AC	G0/0/1
AC	G0/0/1	trunk	L3SW	G0/0/24

表 13-4　项目 13 IP 地址规划

设备	接口	IP 地址	用途
AC	VLAN 4000	192.168.1.2/24	与 L3SW 互联地址
	Loopback0	1.1.1.1/32	CAPWAP
L3SW	VLAN 10	192.168.10.254/24	无线用户网关
		192.168.10.1～192.168.10.253	DHCP 分配
	VLAN 99	192.168.99.254/24	AP 管理地址网关
		192.168.99.1～192.168.99.253	DHCP 分配
	VLAN 100	192.168.100.254/24	L2SW 管理地址网关
	VLAN 4000	192.168.1.1/24	与 AC 互联地址
L2SW	VLAN 100	192.168.100.1/24	L2SW 管理地址
BGL-AP4050DN-1	VLAN 99	DHCP	AP 管理地址
BGL-AP4050DN-2	VLAN 99	DHCP	AP 管理地址

表 13-5 项目 13 VAP 规划

VAP	VLAN	SSID	是否加密	是否广播
vap	10	Jan16	否	是

表 13-6 项目 13 AP 组规划

AP 组	VAP	WLAN-ID	射频卡 ID
BGL	vap	1	0
BGL	vap	1	1

表 13-7 AP 规划

AP 名称	MAC 地址	AP 组	频率与信道	功率
BGL-AP4050DN-1	c4b8-b469-3a40	BGL	2.4GHz,1	100%
BGL-AP4050DN-2	c4b8-b469-33e0	BGL	2.4GHz,6	100%

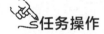

项目实践

任务 13-1 公司接入交换机的配置

公司接入交换机的
配置

任务描述

公司接入交换机的配置包括远程管理配置、VLAN 和 IP 地址配置、端口配置、默认路由配置。

任务操作

1. 远程管理配置

配置远程登录和管理密码。

```
<Quidway>system-view                              //进入系统视图

[Quidway]sysname L2SW                             //配置设备名称

[L2SW]user-interface vty 0 4                      //进入虚拟链路

[L2SW-ui-vty0-4]protocol inbound telnet           //配置协议为 telnet

[L2SW-ui-vty0-4]authentication-mode aaa           //配置认证模式为 AAA

[L2SW-ui-vty0-4]quit                              //退出

[L2SW]aaa                                         //进入 AAA 视图

[L2SW-aaa]local-user admin password              //创建 admin 用户并配置密码为
irreversible-cipher Huawei@123                     Huawei@123

[L2SW-aaa]local-user admin service-type telnet//配置用户类型为 telnet 用户
```

```
[L2SW-aaa]local-user admin privilege level 15   //配置用户等级为15
[L2SW-aaa]quit                                   //退出
```

2. VLAN 和 IP 地址配置

创建 VLAN，配置设备的 IP 地址作为管理地址。

```
[L2SW]vlan 10                                    //创建 VLAN 10
[L2SW-vlan10]name User-Wifi                      //VLAN 命名为 User-Wifi
[L2SW-vlan10]quit                                //退出
[L2SW]vlan 99                                    //创建 VLAN 99
[L2SW-vlan99]name AP-Guanli                      //VLAN 命名为 AP-Guanli
[L2SW-vlan99]quit                                //退出
[L2SW]vlan 100                                   //创建 VLAN 100
[L2SW-vlan100]name SW-Guanli                     //VLAN 命名为 SW-Guanli
[L2SW-vlan100]quit                               //退出
[L2SW]interface vlanif 100                       //进入 VLANIF 100 接口
[L2SW-Vlanif100]ip address 192.168.100.1 24      //配置 IP 地址
[L2SW-Vlanif100]quit                             //退出
```

3. 端口配置

配置连接 AP 的端口为 Trunk 模式，修改默认 VLAN 为 AP VLAN，并配置端口放行 VLAN 列表，允许 AP 的 VLAN 通过；配置连接 L3SW 的端口为 Trunk 模式，配置端口放行 VLAN 列表，允许 AP 和 L2SW 管理的 VLAN 通过。

```
[L2SW]interface range GigabitEthernet 0/0/1 to   //进入 G0/0/1 和 G0/0/2
GigabitEthernet 0/0/2                            端口视图
[L2SW-port-group]port link-type trunk            //配置端口链路模式为 Trunk
[L2SW-port-group]port trunk allow-pass vlan 99   //配置端口放行 VLAN 列表
[L2SW-port-group]port trunk pvid vlan 99         //配置端口默认 VLAN
[L2SW-port-group]quit                            //退出
[L2SW]interface GigabitEthernet 0/0/24           //进入 G0/0/24 端口视图
[L2SW-GigabitEthernet0/0/24]port link-type trunk //配置端口链路模式为 Trunk
[L2SW-GigabitEthernet0/0/24]port trunk allow-    //配置端口放行 VLAN 列表
pass vlan 99 100
[L2SW-GigabitEthernet0/0/24]quit                 //退出
```

4. 默认路由配置

配置默认路由，下一跳指向 L2SW 管理地址网关。

```
[L2SW]ip route-static 0.0.0.0 0.0.0.0 192.168.100.254 //配置默认路由
```

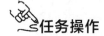

任务验证

在 L2SW 上使用"display port vlan"命令查看端口信息,如下所示。

```
[L2SW]display port vlan

Port                        Link Type      PVID  Trunk VLAN List
--------------------------------------------------------------------
GigabitEthernet0/0/1        trunk          99    1 99
GigabitEthernet0/0/2        trunk          99    1 99
GigabitEthernet0/0/3        desirable      1     1-4094
GigabitEthernet0/0/4        desirable      1     1-4094
                            ...
GigabitEthernet0/0/23       desirable      1     1-4094
GigabitEthernet0/0/24       trunk          1     1 99-100
```

可以看到 G0/0/1、G0/0/2 和 G0/0/24 的链路模式为"trunk",并且 G0/0/1、G0/0/2 的 PVID 为"99"。

任务 13-2 公司核心交换机的配置

公司核心交换机的
配置

任务描述

公司核心交换机的配置包括远程管理配置、VLAN 和 IP 地址配置、DHCP 配置、端口配置、路由配置。

任务操作

1. 远程管理配置

配置远程登录和管理密码。

```
<Quidway>system-view                              //进入系统视图
[Quidway]sysname L3SW                             //配置设备名称
[L3SW]user-interface vty 0 4                      //进入虚拟链路
[L3SW-ui-vty0-4]protocol inbound telnet           //配置协议为 telnet
[L3SW-ui-vty0-4]authentication-mode aaa           //配置认证模式为 AAA
[L3SW-ui-vty0-4]quit                              //退出
[L3SW]aaa                                         //进入 AAA 视图
[L3SW-aaa]local-user admin password               //创建 admin 用户并配置密码为
```

```
irreversible-cipher Huawei@123              Huawei@123
[L3SW-aaa]local-user admin service-type telnet//配置用户类型为 telnet 用户
[L3SW-aaa]local-user admin privilege level 15 //配置用户等级为15
[L3SW-aaa]quit                             //退出
```

2. VLAN 和 IP 地址配置

创建 VLAN，配置设备的 IP 地址作为管理地址。

```
[L3SW]vlan 10                              //创建 VLAN 10
[L3SW-vlan10]name User-Wifi                //VLAN 命名为 User-Wifi
[L3SW-vlan10]quit                          //退出
[L3SW]vlan 99                              //创建 VLAN 99
[L3SW-vlan99]name AP-Guanli                //VLAN 命名为 AP-Guanli
[L3SW-vlan99]quit                          //退出
[L3SW]vlan 100                             //创建 VLAN 100
[L3SW-vlan100]name SW-Guanli               //VLAN 命名为 SW-Guanli
[L3SW-vlan100]quit                         //退出
[L3SW]vlan 4000                            //创建 VLAN 4000
[L3SW-vlan4000]name Link--AC-vlan 4000--   //VLAN 命名为 Link--AC-vlan
                                           4000--
[L3SW-vlan4000]quit                        //退出
[L3SW]interface vlanif 10                  //进入 VLANIF 10 接口
[L3SW-Vlanif10]ip address 192.168.10.254 24 //配置 IP 地址
[L3SW-Vlanif10]quit                        //退出
[L3SW]interface vlanif 99                  //进入 VLANIF 99 接口
[L3SW-Vlanif99]ip address 192.168.99.254 24 //配置 IP 地址
[L3SW-Vlanif99]quit                        //退出
[L3SW]interface vlanif 100                 //进入 VLANIF 100 接口
[L3SW-Vlanif100]ip address 192.168.100.254 24 //配置 IP 地址
[L3SW-Vlanif100]quit                       //退出
[L3SW]interface vlanif 4000                //进入 VLANIF 4000 接口
[L3SW-Vlanif4000]ip address 192.168.1.1 24 //配置 IP 地址
[L3SW-Vlanif4000]quit                      //退出
```

3. DHCP 配置

开启 DHCP 功能，创建 AP 和用户的 DHCP 地址池。

```
[L3SW]dhcp enable                          //开启 DHCP 功能
```

```
[L3SW]interface vlanif 10                        //进入 VLANIF 10 接口

[L3SW-Vlanif10]dhcp select interface             //DHCP 选择接口配置

[L3SW-Vlanif10]quit                              //退出

[L3SW]interface vlanif 99                         //进入 VLANIF 99 接口

[L3SW-Vlanif99]dhcp select interface             //DHCP 选择接口配置

[L3SW-Vlanif99]dhcp server option 43             //配置 DHCP 分配的选项字段，
sub-option 3 ascii 1.1.1.1                        用于 AP 与 AC 建立隧道

[L3SW -Vlanif99]quit                             //退出
```

4．端口配置

配置连接接入交换机和 AC 的端口为 Trunk 模式，并配置端口放行 VLAN 列表，允许用户和设备互联的 VLAN 通过。

```
[L3SW]interface GigabitEthernet 0/0/1            //进入 G0/0/1 端口视图

[L3SW-GigabitEthernet0/0/1]port link-type        //配置端口链路模式为
trunk                                            Trunk

[L3SW-GigabitEthernet0/0/1]port trunk            //配置端口放行 VLAN 列表
allow-pass vlan 99 100

[L3SW-GigabitEthernet0/0/1]quit                  //退出

[L3SW] int range GigabitEthernet 0/0/24          //进入 G0/0/24 端口视图

[L3SW-GigabitEthernet0/0/24]port link-type       //配置端口链路模式为 Trunk
Trunk

[L3SW-GigabitEthernet0/0/24]port trunk           //配置端口放行 VLAN 列表
allow-pass vlan 10 4000

[L3SW-GigabitEthernet0/0/24]quit                 //退出
```

5．路由配置

配置到达 AC Loopback0 接口的路由。

```
[L3SW]ip route-static 1.1.1.1 255.255.255.255    //配置到达 AC Loopback0
192.168.1.2                                       接口的路由
```

任务验证

将 AP 上电后连接到接入交换机，在 L3SW 上使用"display ip pool interface Vlanif99 used"命令查看 DHCP 地址下发信息，如下所示。

```
[L3SW]display ip pool interface Vlanif99 used
  Pool-name         : Vlanif99
  Pool-No           : 2
```

```
    Lease                : 1 Days 0 Hours 0 Minutes

    Domain-name          : -

    Option-code          : 43

    Option-subcode       : 3

    Option-type          : ascii

    Option-value         : 1.1.1.1

    DNS-server0          : -

    NBNS-server0         : -

    Netbios-type         : -

    Position             : Interface       Status         : Unlocked

    Gateway-0            : 192.168.99.254

    Network              : 192.168.99.0

    Mask                 : 255.255.255.0

    VPN instance         : --


    -----------------------------------------------------------------------
        Start              End     Total Used  Idle(Expired)  Conflict  Disable
    -----------------------------------------------------------------------

     192.168.99.1  192.168.99.254   253    2       251(0)         0         0

    -----------------------------------------------------------------------
    Network section :
    -----------------------------------------------------------------------

    Index          IP              MAC         Lease    Status
    -----------------------------------------------------------------------

     251  192.168.99.252    c4b8-b469-33e0    5477    Used

     252  192.168.99.253    c4b8-b469-3a40    9161    Used

    -----------------------------------------------------------------------
```

可以看到2台AP获取了IP地址。

任务13-3　公司AC的基础配置

公司AC的基础
配置

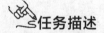任务描述

　　公司AC的基础配置包括远程管理配置、VLAN和IP地址配置、端口配置、路由配置。

任务操作

1. 远程管理配置

配置远程登录和管理密码。

```
<AC6005>system-view                                  //进入系统视图
[AC6005]sysname AC                                   //配置设备名称
[AC]user-interface vty 0 4                           //进入虚拟链路
[AC-ui-vty0-4]protocol inbound telnet                //配置协议为 telnet
[AC-ui-vty0-4]authentication-mode aaa                //配置认证模式为 AAA
[AC-ui-vty0-4]quit                                   //退出
[AC]aaa                                              //进入 AAA 视图
[AC-aaa]local-user admin password                    //创建 admin 用户并配置密码为
irreversible-cipher Huawei@123                        Huawei@123
[AC-aaa]local-user admin service-type telnet         //配置用户类型为 telnet 用户
[AC-aaa]local-user admin privilege level 15          //配置用户等级为 15
[AC-aaa]quit                                         //退出
```

2. VLAN 和 IP 地址配置

创建 VLAN，配置设备的 IP 地址。

```
[AC]vlan 10                                          //创建 VLAN 10
[AC-vlan10]name User-Wifi                            //VLAN 命名为 User-Wifi
[AC-vlan10]quit                                      //退出
[AC]vlan 4000                                        //创建 VLAN 4000
[AC-vlan4000]name Link--AC-vlan 4000--               //VLAN 命名为 Link--AC-vlan
                                                      4000--
[AC-vlan4000]quit                                    //退出
[AC]interface loopback0                              //进入 Loopback0 接口
[AC-LoopBack0]ip address 1.1.1.1 32                  //配置 IP 地址
[AC-LoopBack0] quit                                  //退出
[AC]interface vlanif 4000                            //进入 VLANIF 4000 接口
[AC-Vlanif4000]ip address 192.168.1.2 24            //配置 IP 地址
[AC-Vlanif4000]quit                                  //退出
[AC]capwap source interface LoopBack 0               //指定 CAPWAP 隧道源接口
```

3. 端口配置

配置连接交换机的端口为 Trunk 模式，并配置端口放行 VLAN 列表，允许用户和设备互联的 VLAN 通过。

```
[AC]interface GigabitEthernet 0/0/1                    //进入 G0/0/1 端口视图
[AC-GigabitEthernet0/0/1]port link-type trunk //配置端口类型为 Trunk
[AC-GigabitEthernet0/0/1]port trunk allow-            //配置端口放行 VLAN 列表
pass vlan 10 4000
[AC-GigabitEthernet0/0/1]quit                         //退出
```

4. 路由配置

配置默认路由，下一跳指向核心交换机 L3SW（192.168.1.1）。

```
[AC]ip route-static 0.0.0.0 0.0.0.0 192.168.1.1    //配置默认路由
```

任务验证

（1）在 AC 上使用"display port vlan"命令查看接口 VLAN 信息，如下所示。

```
[AC]display port vlan
Port                        Link Type    PVID  Trunk VLAN List
-------------------------------------------------------------------------------
GigabitEthernet0/0/1        trunk        1     1 10 4000
GigabitEthernet0/0/2        hybrid       1     -
GigabitEthernet0/0/3        hybrid       1     -
GigabitEthernet0/0/4        hybrid       1     -
GigabitEthernet0/0/5        hybrid       1     -
GigabitEthernet0/0/6        hybrid       1     -
GigabitEthernet0/0/7        hybrid       1     -
GigabitEthernet0/0/8        hybrid       1     -
```

可以看到 G0/0/1 的链路模式为"trunk"，且允许通过的 VLAN 列表中包括 VLAN 1、VLAN 10、VLAN 4000。

（2）在 AC 上使用"display ip interface brief"命令查看 IP 地址信息，如下所示。

```
[AC]display ip interface brief
*down: administratively down
^down: standby
(l): loopback
(s): spoofing
(E): E-Trunk down
The number of interface that is UP in Physical is 5
The number of interface that is DOWN in Physical is 0
```

```
The number of interface that is UP in Protocol is 4
The number of interface that is DOWN in Protocol is 1


Interface                      IP Address/Mask      Physical    Protocol
LoopBack0                         1.1.1.1/32           up         up(s)
NULL0                            unassigned            up         up(s)
Vlanif1                        169.254.1.1/16          up          up
Vlanif4000                     192.168.1.2/24          up          up
```

可以看到 VLANIF 4000 接口已经配置了 IP 地址。

公司 AC 的 WLAN
配置

任务 13-4 公司 AC 的 WLAN 配置

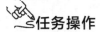 **任务描述**

公司 AC 的 WLAN 配置包括 SSID 配置、VAP 配置、AP 组配置和 AP 配置。

任务操作

1. SSID 配置

创建 SSID 配置文件,配置 SSID 名称。

`[AC]wlan`	//进入 WLAN 视图
`[AC-wlan-view]ssid-profile name Jan16`	//创建 SSID 配置文件
`[AC-wlan-ssid-prof-Jan16]ssid Jan16`	//定义 SSID
`[AC-wlan-ssid-prof-Jan16]quit`	//退出

2. VAP 配置

创建 VAP 文件,关联对应的 SSID 文件服务 VLAN。

`[AC-wlan-view]vap-profile name vap`	//创建 VAP 配置文件
`[AC-wlan-vap-prof-vap]forward-mode tunnel`	//配置业务转发模式为隧道转发
`[AC-wlan-vap-prof-vap]service-vlan vlan-id 10`	//配置 VAP 关联 VLAN
`[AC-wlan-vap-prof-vap]ssid-profile Jan16`	//配置 VAP 关联 SSID 文件
`[AC-wlan-vap-prof-vap]quit`	//退出

3. AP 组配置

创建 AP 组,并将 VAP 文件绑定到对应的 WLAN 中。

`[AC-wlan-view]ap-group name BGL`	//创建 AP 组 BGL
`[AC-wlan-ap-group-BGL]vap-profile vap wlan 1`	//绑定 VAP 到 WLAN 1 的

```
radio 0                                            2.4GHz 射频卡 0

[AC-wlan-ap-group-BGL]vap-profile vap wlan 1       //绑定 VAP 到 WLAN 1 的

radio 1                                            5GHz 射频卡 1

[AC-wlan-ap-group-BGL]quit                         //退出
```

4. AP 配置

修改 AP 的名称，并将 AP 加入 AP 组。

```
[AC-wlan-view]ap-id 1 ap-mac c4b8-b469-3a40        //绑定 AP 1 的 MAC 地址

[AC-wlan-ap-1]ap-name BGL-AP4050DN-1               //修改 AP 名称

[AC-wlan-ap-1]ap-group BGL                         //将 AP1 加入 AP 组 BGL

[AC-wlan-ap-1]quit                                 //退出

[AC-wlan-view]ap-id 2 ap-mac c4b8-b469-33e0        //绑定 AP2 的 MAC 地址

[AC-wlan-ap-2]ap-name BGL-AP4050DN-2               //修改 AP 名称

[AC-wlan-ap-2]ap-group BGL                         //将 AP2 加入 AP 组 BGL

[AC-wlan-ap-2]quit                                 //退出
```

任务验证

（1）在 AC 上使用"display ap config-info ap-name BGL-AP4050DN-1"命令查看 BGL-AP4050DN-1 的配置信息，如下所示。

```
[AC]display ap config-info ap-name BGL-AP4050DN-1

-------------------------------------------------------------------------

AP MAC                              : c4b8-b469-3a40

AP SN                              : 21500831023GJ8032190

AP type                            : AP4050DN

AP name                            : BGL-AP4050DN-1

AP group                           : BGL

Country code                       : CN

                            ...
```

可以看到"AP group"为"BGL"，表示 AP4050DN-1 已经加入 AP 组 BGL。

（2）在 AC 上使用"display ap config-info ap-name BGL-AP4050DN-2"命令查看 BGL-AP4050DN-2 的配置信息，如下所示。

```
[AC]display ap config-info ap-name BGL-AP4050DN-2

-------------------------------------------------------------------------

AP MAC                              : c4b8-b469-3a40

AP SN                              : 21500831023GJ8032190
```

```
AP type                          : AP4050DN
AP name                          : BGL-AP4050DN-1
AP group                         : BGL
Country code                     : CN
                          ...
```

可以看到"AP group"为"BGL",表示 AP4050DN-2 已经加入 AP 组 BGL。

(3)在 AC 上使用"display ap all"命令查看已注册的 AP 信息,如下所示。

```
[AC]display ap all
Info: This operation may take a few seconds. Please wait for a moment.done.
Total AP information:
nor : normal          [2]
--------------------------------------------------------------------------------
ID   MAC            Name              Group IP            Type       State STA Uptime
--------------------------------------------------------------------------------
1    c4b8-b469-3a40 BGL-AP4050DN-1 BGL   192.168.99.253 AP4050DN    nor   0   2H:26M:11S
2    c4b8-b469-33e0 BGL-AP4050DN-2 BGL   192.168.99.252 AP4050DN    nor   1   1H:28M:17S
--------------------------------------------------------------------------------
Total: 2
```

可以看到 2 台 AP 的状态为"nor",表示 AP 已经正常工作。

公司无线 Portal
认证的配置

任务 13-5 公司无线 Portal 认证的配置

任务描述

公司无线 Portal 认证的配置包括 Portal 配置、AAA 配置、接入模板配置、认证模板配置、Web 认证配置。

任务操作

1. Portal 配置

开启内置 Portal 服务器功能。

```
[AC]portal local-server ip 1.1.1.1        //配置内置 Portal 认证服务器 IP 地址
[AC]portal local-server https ssl-policy  //配置内置 Portal 认证协议及端口号
default_policy port 20000
```

2. AAA 配置

创建本地认证方案"Jan16"，并配置本地用户的用户名、密码和服务类型。

```
[AC]aaa                                    //进入 AAA 视图
[AC-aaa]authentication-scheme Jan16-scheme //创建本地认证方案模板
[AC-aaa-authen-Jan16]quit                  //退出
[AC-aaa]local-user test password cipher    //创建 test 用户并配置密码为
Huawei@123                                 Huawei@123
[AC-aaa]local-user test service-type web   //服务类型为 Web
[AC-aaa]quit                               //退出
```

3. 接入模板配置

创建 Portal 接入模板"Jan16-access"，并配置其使用内置 Portal 服务器。

```
[AC]portal-access-profile name Jan16-access          //创建 Portal 接入模板
[AC-portal-access-profile-Jan16-access]portal        //打开内置 Portal 服务器
local-server enable
[AC-portal-access-profile-Jan16-access]quit          //退出
```

4. 认证模板配置

配置认证模板"Jan16-portal"。

```
[AC]authentication-profile name Jan16-portal    //创建认证模板
[AC-authentication-profile-Jan16-portal]        //绑定 Portal 接入模板
portal-access-profile Jan16-access
[AC-authentication-profile-Jan16-portal]        //绑定本地认证方案模板
authentication-scheme Jan16-scheme
[AC-authentication-profile-Jan16]quit           //退出
```

5. Web 认证配置

启用 Web 认证配置。

```
[AC]wlan                                         //进入 WLAN 视图
[AC-wlan-view]vap-profile name vap               //进入 VAP 模板
[AC-wlan-vap-prof-vap]authentication-profile     //引用认证模板
Jan16-portal
```

任务验证

在 AC 上使用"display current-configuration"命令确认已完成配置，如下所示。

```
[AC] display current-configuration
    ...
```

```
portal local-server ip 1.1.1.1
portal local-server https ssl-policy default_policy port 20000
            ...
authentication-profile name Jan16-portal
 portal-access-profile Jan16-access
 authentication-scheme Jan16-scheme
            ...
portal-access-profile name Jan16-access
 portal local-server enable
aaa
            ...
 authentication-scheme Jan16-scheme
            ...
 local-user test password cipher %^%#",;d(R\6jC;>2U,\|v_X5|
Ok:$pnlS<*^e&<I(i2%^%#
 local-user test privilege level 0
 local-user test service-type web
            ...
wlan
            ...
 ssid-profile name Jan16
  ssid Jan16
 ssid-profile name default
 vap-profile name vap
  service-vlan vlan-id 10
  ssid-profile Jan16
  authentication-profile Jan16-portal
            ...
```

📝 项目验证

项目验证

（1）在 PC 上搜索无线信号"Jan16"，单击"连接"按钮，连接 SSID
成功，可以正常接入，如图 13-2 所示。

（2）在 PC 上按【Windows+X】组合键，在弹出的菜单中选择"Windows PowerShell"命令，打开"Windows PowerShell"窗口，使用"ipconfig"命令查看 IP 地址信息，如图 13-3 所示。可以看到 PC 获取了 192.168.10.0/24 网段的 IP 地址。

图 13-2　连接 SSID 成功

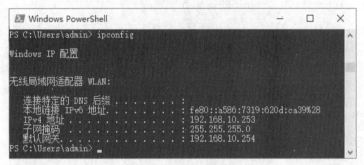

图 13-3　查看 IP 地址

（3）打开浏览器，在地址栏输入任意一个 IP 地址，弹出 Web 认证界面，如图 13-4 所示，输入用户名和密码。

图 13-4　弹出 Web 认证界面

（4）单击"Login"按钮登录，弹出成功接入网络的界面，如图 13-5 所示。

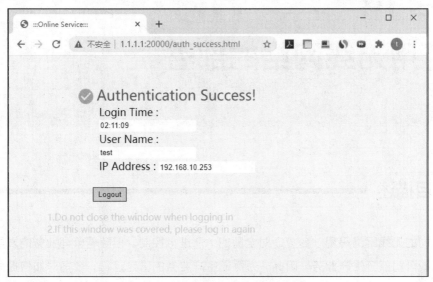

图 13-5　成功接入网络的界面

项目拓展

（1）Web 认证一般由（　　）提供认证界面。

    A．Web 服务器　　　　　　　　B．Portal 服务器

    C．Radius 服务器　　　　　　　D．AAA 服务器

项目实训题 13

（2）无线网络中，Web 认证主要通过（　　）信息完成身份认证。

    A．用户名　　　B．密码　　　　C．用户名及密码　D．以上都不对

（3）启用 Web 认证后，未认证用户使用浏览器上网时（　　）。

    A．浏览器会跳转到访问公告信息界面

    B．会强制浏览器访问特定站点

    C．不能享受 Portal 服务器上的服务

    D．会在连接 Wi-Fi 时要求输入用户名才能连接

项目14
高可用无线网络的部署

14

项目描述

　　某公司的无线网络采用一台 AC 对全网的 AP 进行控制。但随着公司业务的发展，无线网络已承载公司部分生产业务。因此，为保证生产业务的稳定运行，公司对如何提高无线网络的可靠性十分关注，特邀请 Jan16 公司的工程师小蔡针对当前无线网络的可靠性进行优化。小蔡指出，为了避免生产业务因 AC 死机而无法工作的情况发生，需再新增一台 AC 进行热备份（以下简称"热备"）部署，即当一台 AC 出现故障时，网络中的 AP 便立刻与另外一台 AC 建立隧道进行业务数据转发，从而避免出现单点故障。为了确保不影响业务，切换时间应在毫秒级，双 AC 需采用热备负载模式。

　　另外，有员工反馈在会议室的无线网络体验较差。工程师通过检查会议室各 AP 运行状态，发现各 AP 接入的用户数并不均匀，个别 AP 接入的用户数超高，而有的 AP 却很少有用户接入。过多用户接入必然导致 AP 吞吐量到达瓶颈，导致用户体验较差。为此，工程师在对 AC 进行热备优化的同时，还要对会议室 AP 进行负载均衡的配置优化，最大限度地保证每台 AP 接入用户数均匀，在发挥每台 AP 性能的同时提高 AP 的使用率。

　　综上，本次项目改造具体有以下几个部分。

　　（1）为了规避单点故障风险，网络中需增加一台 AC 进行热备部署。

　　（2）对于单 AC 故障情况，为确保用户体验达到无缝切换，需采用 AC 热备技术。在热备模式下，单 AP 均与双 AC 建立隧道；在集群模式下，AP 只与当前活动 AC 建立隧道，而当 AP 检测发现活动 AC 死机时，AP 才与备用 AC 建立隧道。

　　（3）为确保各 AP 接入用户数均衡分布，可以考虑启用 AP 负载均衡组来实现。

项目相关知识

14.1　AC 热备

　　华为 AC 的热备功能是在 AC 发生不可达（故障）时，为 AC 与 AP 之间提供毫秒级的

CAPWAP 隧道切换，确保已关联用户业务尽可能不间断。

AC 热备分为两种模式：A/S 模式和 A/A 模式。

1. A/S 模式

A/S 模式下，一台 AC 处于激活（Active）状态，为主设备；另一台 AC 处于待机（Standby）状态，为备份设备。主设备处理所有业务，并将业务状态信息传送到备份设备进行备份；备份设备不处理业务，只备份业务。所有 AP 与主设备建立主 CAPWAP 隧道，与备份设备建立备份 CAPWAP 隧道。两台 AC 都正常工作时，所有业务由主设备处理；主设备发生故障后，所有业务会切换到备份设备上进行处理。

2. A/A 模式

A/A 模式下，两台 AC 均作为主设备处理业务，同时又作为另一台设备的备份设备，备份对端的业务状态信息。假定两台 AC 分别为 AC1 和 AC2，那么在 A/A 模式下，部分 AP 与 AC1 建立主 CAPWAP 隧道，与 AC2 建立备份 CAPWAP 隧道；同时，另一部分 AP 与 AC2 建立主 CAPWAP 隧道，与 AC1 建立备份 CAPWAP 隧道。两台 AC 都正常工作时，两台 AC 分别负责与其建立主 CAPWAP 隧道的 AP 的业务处理；其中一台 AC（假定为 AC1）出现故障后，与 AC1 建立主 CAPWAP 隧道的 AP 将业务切换到备份 CAPWAP 隧道，之后 AC2 负责处理所有 AP 的业务。

14.2 负载均衡

负载均衡分为基于用户数的负载均衡和基于流量的负载均衡，常用的是基于用户数的负载均衡。在无线网络中，如果有多台 AP，并且信号相互覆盖，由于无线用户接入是随机的，因此可能会出现某台 AP 负载较重、网络利用率较差的情况。将同一区域的 AP 都划到同一个负载均衡组，协同控制无线用户的接入，可以起到负载均衡的作用。

同一个区域有多个属于同一组的 AP 发出同一个无线信号时，可以采用该方案，从而避免无线用户都接入同一台或某几台 AP，导致某些 AP 负载较重、网络利用率较差。

项目规划设计

项目拓扑

公司使用两台 AC 来建立高可用的无线网络，两台 AC 均连接到核心交换机 L3SW。公司的各台 AP 连接到接入交换机 L2SW，由接入交换机来连接核心交换机，其网络拓扑如图 14-1 所示。

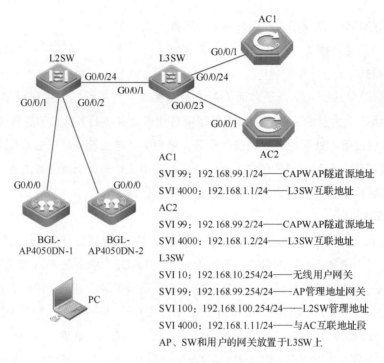

图 14-1　高可用无线网络部署网络拓扑

项目规划

根据图 14-1 所示的网络拓扑进行项目的业务规划，项目 14 的 VLAN 规划、设备管理规划、端口互联规划、IP 地址规划、VAP 规划、AP 组规划、AP 规划见表 14-1～表 14-7。

表 14-1　项目 14 VLAN 规划

VLAN-ID	VLAN 命名	网段	用途
VLAN 10	User-Wifi	192.168.10.0/24	无线用户网段
VLAN 99	AP-Guanli	192.168.99.0/24	AP 管理网段
VLAN 100	SW-Guanli	192.168.100.0/24	交换机管理网段
VLAN 4000	Link--AC-vlan4000--	192.168.1.0/24	核心交换机与 AC 互联网段

表 14-2　项目 14 设备管理规划

设备类型	型号	设备命名	用户名	密码
无线接入点	AP4050DN	BGL-AP4050DN-1	N/A	N/A
		BGL-AP4050DN-2	N/A	N/A
无线控制器	AC6005	AC1	admin	Huawei@123
	AC6005	AC2	admin	Huawei@123
接入交换机	S3700	L2SW	admin	Huawei@123
核心交换机	S5700	L3SW	admin	Huawei@123

表 14-3 项目 14 端口互联规划

本端设备	本端端口	端口配置	对端设备	对端端口
BGL-AP4050DN-1	G0/0/0	N/A	L2SW	G0/0/1
BGL-AP4050DN-2	G0/0/0	N/A	L2SW	G0/0/2
L2SW	G0/0/1	trunk	BGL-AP4050DN-1	G0/0/0
L2SW	G0/0/2	trunk	BGL-AP4050DN-2	G0/0/0
L2SW	G0/0/24	trunk	L3SW	G0/0/1
L3SW	G0/0/1	trunk	L2SW	G0/0/24
L3SW	G0/0/24	trunk	AC1	G0/0/1
L3SW	G0/0/23	trunk	AC2	G0/0/1
AC1	G0/0/1	trunk	L3SW	G0/0/24
AC2	G0/0/1	trunk	L3SW	G0/0/23

表 14-4 项目 14 IP 地址规划

设备	接口	IP 地址	用途
AC1	VLAN 99	192.168.99.1/24	CAPWAP 隧道源地址
	VLAN 4000	192.168.1.1/24	与 L3SW 互联地址
AC2	VLAN 99	192.168.99.2/24	CAPWAP 隧道源地址
	VLAN 4000	192.168.1.2/24	与 L3SW 互联地址
L3SW	VLAN 10	192.168.10.254/24	无线用户网关
		192.168.10.1~ 192.168.10.253	DHCP 分配
	VLAN 99	192.168.99.254/24	AP 管理地址网关
		192.168.99.1~ 192.168.99.253	DHCP 分配
	VLAN 100	192.168.100.254/24	L2SW 管理地址网关
	VLAN 4000	192.168.1.11/24	与 AC 互联地址
L2SW	VLAN 100	192.168.100.1/24	L2SW 管理地址
BGL-AP4050DN-1	VLAN 99	DHCP	AP 管理地址
BGL-AP4050DN-2	VLAN 99	DHCP	AP 管理地址

表 14-5 项目 14 VAP 规划

VAP	VLAN	SSID	加密方式	是否广播
vap	10	Jan16	否	是

表 14-6 项目 14 AP 组规划

AP-GROUP	VAP	WLAN ID	RADIO-ID
BGL	vap	1	0
BGL	vap	1	1

表 14-7　项目 14 AP 规划

AP 名称	MAC 地址	AP-GROUP	频率与信道	功率
BGL-AP4050DN-1	c4b8-b469-3a40	BGL	2.4GHz,1	100%
			5.8GHz,149	100%
BGL-AP4050DN-2	c4b8-b469-33e0	BGL	2.4GHz,6	100%
			5.8GHz,153	100%

 项目实践

高可用接入交换机
的配置

任务 14-1　高可用接入交换机的配置

任务描述

高可用接入交换机的配置包括远程管理配置、VLAN 和 IP 地址配置、端口配置、路由配置。

任务操作

1. 远程管理配置

配置远程登录和管理密码。

```
<Quidway>system-view                                //进入系统视图

[Quidway]sysname L2SW                               //配置设备名称

[L2SW]user-interface vty 0 4                        //进入虚拟链路

[L2SW-ui-vty0-4]protocol inbound telnet             //配置协议为 telnet

[L2SW-ui-vty0-4]authentication-mode aaa             //配置认证模式为 AAA

[L2SW-ui-vty0-4]quit                                //退出

[L2SW]aaa                                           //进入 AAA 视图

[L2SW-aaa]local-user admin password                 //创建 admin 用户并配置密码为
irreversible-cipher Huawei@123                       Huawei@123

[L2SW-aaa]local-user admin service-type telnet//配置用户类型为 telnet 用户

[L2SW-aaa]local-user admin privilege level 15 //配置用户等级为 15

[L2SW-aaa]quit                                      //退出
```

2. VLAN 和 IP 地址配置

创建各部门使用的 VLAN，配置设备的 IP 地址作为管理地址，并配置默认路由。

```
[L2SW]vlan 10                                       //创建 VLAN 10

[L2SW-vlan10]name User-Wifi                         //VLAN 命名为 User-Wifi

[L2SW-vlan10]quit                                   //退出
```

```
[L2SW]vlan 99                                    //创建 VLAN 99
[L2SW-vlan99]name AP-Guanli                      //VLAN 命名为 AP-Guanli
[L2SW-vlan99]quit                                //退出
[L2SW]vlan 100                                   //创建 VLAN 100
[L2SW-vlan100]name SW-Guanli                     //VLAN 命名为 SW-Guanli
[L2SW-vlan100]quit                               //退出
[L2SW]interface vlanif 100                       //进入 VLANIF 100 接口
[L2SW-Vlanif100]ip address 192.168.100.2 24      //配置 IP 地址
[L2SW-Vlanif100]quit                             //退出
```

3. 端口配置

配置连接 AP 的端口为 Trunk 模式，修改默认 VLAN 为 AP VLAN，并配置端口放行 VLAN 列表，允许用户和 AP 的 VLAN 通过；配置连接 L3SW 的接口为 Trunk 模式，配置接口放行 VLAN 列表，允许用户、AP 和设备管理的 VLAN 通过。

```
[L2SW]interface range GigabitEthernet 0/0/1 to   //进入 G0/0/1-G0/0/2 端口视图
GigabitEthernet 0/0/2
[L2SW-port-group]port link-type trunk            //配置端口链路模式为 Trunk
[L2SW-port-group] port trunk pvid vlan 99        //配置端口默认 VLAN
[L2SW-port-group]port trunk allow-pass vlan      //配置端口放行 VLAN 列表
10 99
[L2SW-port-group]quit                            //退出
[L2SW]interface GigabitEthernet 0/0/24           //进入 G0/0/24 端口视图
[L2SW-GigabitEthernet0/0/24]port link-type trunk //配置端口链路模式为 Trunk
[L2SW-GigabitEthernet0/0/24]port trunk allow-    //配置端口放行 VLAN 列表
pass vlan 10 99 100
[L2SW-GigabitEthernet0/0/24]quit                 //退出
```

4. 路由配置

配置默认路由，下一跳指向 L2SW 管理地址网关。

```
[L2SW]ip route-static 0.0.0.0 0 192.168.100.254  //配置默认路由指向 L2SW 管理
                                                   地址网关
```

任务验证

（1）在 L2SW 上使用"display port vlan"命令查看端口信息，如下所示。

```
[L2SW]display port vlan
Port                     Link Type    PVID  Trunk VLAN List
```

```
--------------------------------------------------------------------
GigabitEthernet0/0/1        trunk        99    1 10 99
GigabitEthernet0/0/2        trunk        99    1 10 99
GigabitEthernet0/0/3        desirable    1     1-4094
GigabitEthernet0/0/4        desirable    1     1-4094
                   ...
GigabitEthernet0/0/23       desirable    1     1-4094
GigabitEthernet0/0/24       trunk        1     1 10 99-100
```

可以看到 G0/0/1、G0/0/2 和 G0/0/24 的链路模式为"trunk"，并且 G0/0/1、G0/0/2 的 PVID 为"99"。

（2）在 L2SW 上使用"display ip interface brief"命令查看 IP 地址信息，如下所示。

```
[L2SW]display ip interface brief
*down: administratively down
^down: standby
(l): loopback
(s): spoofing
(E): E-Trunk down
The number of interface that is UP in Physical is 2
The number of interface that is DOWN in Physical is 1
The number of interface that is UP in Protocol is 2
The number of interface that is DOWN in Protocol is 1

Interface                       IP Address/Mask      Physical Protocol
MEth0/0/1                       unassigned           down     down
NULL0                           unassigned           up       up(s)
Vlanif100                       192.168.100.2/24     up       up
```

可以看到 VLANIF 100 接口已经配置了 IP 地址。

任务 14-2 高可用核心交换机的配置

高可用核心交换机
的配置

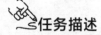任务描述

高可用核心交换机的配置包括远程管理配置、VLAN 和 IP 地址配置、DHCP 配置、端口配置。

任务操作

1. 远程管理配置

配置远程登录和管理密码。

```
<Quidway>system-view                              //进入系统视图
[Quidway]sysname L3SW                             //配置设备名称
[L3SW]user-interface vty 0 4                      //进入虚拟链路
[L3SW-ui-vty0-4]protocol inbound telnet           //配置协议为 telnet
[L3SW-ui-vty0-4]authentication-mode aaa           //配置认证模式为 AAA
[L3SW-ui-vty0-4]quit                              //退出
[L3SW]aaa                                         //进入 AAA 视图
[L3SW-aaa]local-user admin password               //创建 admin 用户并配置密码为
irreversible-cipher Huawei@123                    Huawei@123
[L3SW-aaa]local-user admin service-type telnet//配置用户类型为 telnet 用户
[L3SW-aaa]local-user admin privilege level 15 //配置用户等级为 15
[L3SW-aaa]quit                                    //退出
```

2. VLAN 和 IP 地址配置

创建 VLAN，配置设备的 IP 地址作为管理地址。

```
[L3SW]vlan 10                                     //创建 VLAN 10
[L3SW-vlan10]name User-Wifi                       //VLAN 命名为 User-Wifi
[L3SW-vlan10]quit                                 //退出
[L3SW]vlan 99                                     //创建 VLAN 99
[L3SW-vlan99]name AP-Guanli                       //VLAN 命名为 AP-Guanli
[L3SW-vlan99]quit                                 //退出
[L3SW]vlan 100                                    //创建 VLAN 100
[L3SW-vlan100]name SW-Guanli                      //VLAN 命名为 SW-Guanli
[L3SW-vlan100]quit                                //退出
[L3SW]vlan 4000                                   //创建 VLAN 4000
[L3SW-vlan4000]name Link--AC-vlan4000--           //VLAN 命名为
                                                  Link--AC-vlan4000--
[L3SW-vlan4000]quit                               //退出
[L3SW]interface vlanif 10                         //进入 VLANIF 10 接口
[L3SW-Vlanif10]ip address 192.168.10.254 24       //配置 IP 地址
[L3SW-Vlanif10]quit                               //退出
```

```
[L3SW]interface vlanif 99                    //进入 VLANIF 99 接口
[L3SW-Vlanif99]ip address 192.168.99.254 24  //配置 IP 地址
[L3SW-Vlanif99]quit                          //退出
[L3SW]interface vlanif 100                   //进入 VLANIF 100 接口
[L3SW-Vlanif100]ip address 192.168.100.254 24 //配置 IP 地址
[L3SW-Vlanif100]quit                         //退出
[L3SW]interface valnif 4000                  //进入 VLANIF 4000 接口
[L3SW-Vlanif4000]ip address 192.168.1.11 24  //配置 IP 地址
[L3SW-Vlanif4000]quit                        //退出
```

3. DHCP 配置

开启 DHCP 功能，创建 AP 和用户的 DHCP 地址池。

```
[L3SW]dhcp enable                            //开启 DHCP 功能
[L3SW]interface vlanif 10                     //进入 VLANIF 10 接口
[L3SW-Vlanif10]dhcp select interface         //DHCP 选择接口配置
[L3SW-Vlanif10]quit                          //退出
[L3SW]interface vlanif 99                     //进入 VLANIF 99 接口
[L3SW-Vlanif99]dhcp select interface         //DHCP 选择接口配置
[L3SW-Vlanif99]quit                          //退出
```

4. 端口配置

配置连接接入交换机和 AC 的端口为 Trunk 模式，并配置端口放行 VLAN 列表，与 L2SW 互联的端口允许用户、AP 和交换机的 VLAN 通过，与 AC 互联的端口允许交换机和 AP 的 VLAN 通过。

```
[L3SW]interface GigabitEthernet 0/0/1        //进入 G0/0/1 端口视图
[L3SW-GigabitEthernet0/0/1]port link-type trunk  //配置端口链路模式为 Trunk
[L3SW-GigabitEthernet0/0/1]port trunk allow-  //配置端口放行 VLAN 列表
pass vlan 10 99 100
[L3SW-GigabitEthernet0/0/1]quit              //退出
[L3SW] int range GigabitEthernet 0/0/23 to   //进入端口 G0/0/23-G0/0/24
GigabitEthernet 0/0/24
[L3SW-port-group]port link-type trunk        //配置端口链路模式为 Trunk
[L3SW-port-group]port trunk allow-pass vlan  //配置端口放行 VLAN 列表
99 4000
[L3SW-port-group]quit                        //退出
```

任务验证

（1）在 L3SW 上使用"display port vlan"命令查看端口 VLAN 信息，如下所示。

```
[L3SW]display port vlan

Port                      Link Type       PVID      Trunk VLAN List
-----------------------------------------------------------------------

GigabitEthernet0/0/1      trunk           1         1 10 99-100

GigabitEthernet0/0/2      desirable       1         1-4094

GigabitEthernet0/0/3      desirable       1         1-4094

                    …

GigabitEthernet0/0/22     desirable       1         1-4094

GigabitEthernet0/0/23     trunk           1         1 99 4000

GigabitEthernet0/0/24     trunk           1         1 99 4000
```

可以看到 G0/0/1、G0/0/23、G0/0/24 的链路模式为"trunk"。

（2）在 L3SW 上使用"display ip interface brief"命令查看 IP 地址信息，如下所示。

```
[L3SW]display ip interface brief

*down: administratively down

^down: standby

(l): loopback

(s): spoofing

(E): E-Trunk down

The number of interface that is UP in Physical is 5

The number of interface that is DOWN in Physical is 0

The number of interface that is UP in Protocol is 4

The number of interface that is DOWN in Protocol is 1


Interface                     IP Address/Mask      Physical Protocol

NULL0                         unassigned           up        up(s)

Vlanif1                       169.254.1.1/16       up        up

Vlanif10                      192.168.10.254/24    up        up

Vlanif99                      192.168.99.254/24    up        up

Vlanif100                     192.168.100.254/24   up        up

Vlanif4000                    192.168.1.11/24      up        up
```

可以看到 4 个 VLANIF 接口都已配置了 IP 地址。

（3）在 L3SW 上使用"display ip pool interface Vlanif99 used"命令查看 DHCP 地址下发信息，如下所示。

```
[L3SW]display ip pool interface Vlanif99 used
  Pool-name               : Vlanif99
  Pool-No                 : 1
  Lease                   : 1 Days 0 Hours 0 Minutes
  Domain-name             : -
  Option-code             : 43
  Option-subcode          : 3
  Option-type             : ascii
  Option-value            :
  DNS-server0             : -
  NBNS-server0            : -
  Netbios-type            : -
  Position                : Interface      Status       : Unlocked
  Gateway-0               : 192.168.99.254
  Network                 : 192.168.99.0
  Mask                    : 255.255.255.0
  VPN instance            : --


  ------------------------------------------------------------------------
     Start           End         Total  Used  Idle(Expired) Conflict Disable
  ------------------------------------------------------------------------
   192.168.99.1  192.168.99.254   253    2      251(0)                0       0
  ------------------------------------------------------------------------
Network section :
  ------------------------------------------------------------------------
  Index           IP            MAC           Lease    Status
  ------------------------------------------------------------------------
   251  192.168.99.252     c4b8-b469-33e0     70      Used
   252  192.168.99.253     c4b8-b469-3a40     90      Used
  ------------------------------------------------------------------------
```

可以看到 DHCP 已经开始工作，并为 2 台 AP 分配了 IP 地址。

任务 14-3　高可用 AC 的基础配置

高可用 AC 的基础
配置

任务描述

高可用 AC 的基础配置包括远程管理配置、VLAN 和 IP 地址配置、端口配置、路由配置。

任务操作

1. 远程管理配置

配置远程登录和管理密码。

```
<AC6005>system-view                           //进入系统视图
[AC6005]sysname AC1                           //配置设备名称
[AC1]user-interface vty 0 4                   //进入虚拟链路
[AC1-ui-vty0-4]protocol inbound telnet        //配置协议为 telnet
[AC1-ui-vty0-4]authentication-mode aaa        //配置认证模式为 AAA
[AC1-ui-vty0-4]quit                           //退出
[AC1]aaa                                       //进入 AAA 视图
[AC1-aaa]local-user admin password            //创建 admin 用户并配置密码为
irreversible-cipher Huawei@123                Huawei@123
[AC1-aaa]local-user admin service-type telnet //配置用户类型为 telnet 用户
[AC1-aaa]local-user admin privilege level 15  //配置用户等级为 15
[AC1-aaa]quit                                 //退出
```

2. VLAN 和 IP 地址配置

创建 VLAN，配置设备的 IP 地址。

```
[AC1]vlan 10                                  //创建 VLAN 10
[AC1-vlan10]name User-Wifi                    //VLAN 命名为 User-Wifi
[AC1-vlan10]quit                              //退出
[AC1]vlan 99                                  //创建 VLAN 99
[AC1-vlan99]name AP-Guanli                    //VLAN 命名为 AP-Guanli
[AC1-vlan99]quit                              //退出
[AC1]vlan 4000                                //创建 VLAN 4000
[AC1-vlan4000]name Link--AC-vlan4000--        //VLAN 命名为 Link--AC-vlan
                                              4000--
```

```
[AC1-vlan4000]quit                              //退出
[AC1]interface vlanif 99                        //进入 VLANIF 99 接口
[AC1-Vlanif99]ip address 192.168.99.1 24        //配置 IP 地址
[AC1-Vlanif99]quit                              //退出
[AC1]interface vlanif 4000                      //进入 VLANIF 4000 接口
[AC1-Vlanif4000]ip address 192.168.1.1 24       //配置 IP 地址
[AC1-Vlanif4000]quit                            //退出
```

3. 端口配置

配置连接核心交换机和 AC 的端口为 Trunk 模式，并配置端口放行 VLAN 列表，允许交换机和 AP 的 VLAN 通过。

```
[AC1]interface GigabitEthernet 0/0/1            //进入 G0/0/1 端口视图
[AC1-GigabitEthernet0/0/1]port link-type trunk  //配置接口链路模式为 Trunk
[AC1-GigabitEthernet0/0/1]port trunk allow-      //配置接口放行 VLAN 列表
pass vlan 99 4000
[AC1-GigabitEthernet0/0/1]quit                   //退出
[AC1]capwap source interface vlanif 99          //指定 CAPWAP 隧道源接口
```

4. 路由配置

配置默认路由，下一跳指向核心交换机 L3SW（192.168.1.11）。

```
[AC1]ip route-static 0.0.0.0 0 192.168.1.11     //配置默认路由指向 L3SW
```

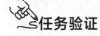

任务验证

（1）在 AC1 上使用 "display port vlan" 命令查看端口 VLAN 信息，如下所示。

```
[AC1]display port vlan

Port                           Link Type    PVID   Trunk VLAN List
--------------------------------------------------------------------------
GigabitEthernet0/0/1           trunk        1      1 99 4000
GigabitEthernet0/0/2           hybrid       1      -
GigabitEthernet0/0/3           hybrid       1      -
GigabitEthernet0/0/4           hybrid       1      -
GigabitEthernet0/0/5           hybrid       1      -
GigabitEthernet0/0/6           hybrid       1      -
GigabitEthernet0/0/7           hybrid       1      -
GigabitEthernet0/0/8           hybrid       1      -
```

可以看到 G0/0/1 的链路模式为"trunk",且允许通过的 VLAN 列表中包括 VLAN 99、VLAN 4000。

（2）在 AC1 上使用"display ip interface brief"命令查看 IP 地址信息,如下所示。

```
[AC1]display ip interface brief
*down: administratively down
^down: standby
(l): loopback
(s): spoofing
(E): E-Trunk down
The number of interface that is UP in Physical is 2
The number of interface that is DOWN in Physical is 1
The number of interface that is UP in Protocol is 2
The number of interface that is DOWN in Protocol is 1


Interface                      IP Address/Mask      Physical      Protocol
NULL0                          unassigned           up            up(s)
Vlanif1                        169.254.1.1/16       up            up
Vlanif99                       192.168.99.1/24      down          down
Vlanif4000                     192.168.1.1/24       down          down
```

可以看到两个 VLANIF 接口都已经配置了 IP 地址。

任务 14-4　高可用 AC 的 WLAN 配置

高可用 AC 的
WLAN 配置

任务描述

高可用 AC 的 WLAN 配置包括 SSID 配置、VAP 配置、AP 组配置和 AP 配置。

任务操作

1. SSID 配置

创建 SSID 文件,配置 SSID 名称。

```
[AC1]wlan                                          //进入 WLAN 视图
[AC1-wlan-view]ssid-profile name Jan16             //创建 SSID 配置文件
[AC1-wlan-ssid-prof-guest]ssid Jan16               //定义 SSID
[AC1-wlan-ssid-prof-guest]quit                     //退出
```

2. VAP 配置

创建 VAP 文件，关联对应的 VLAN 和 SSID 文件。

```
[AC1-wlan-view]vap-profile name vap              //创建 VAP 配置文件
[AC1-wlan-vap-prof-VAP1]service-vlan vlan-id 10 //配置 VAP 关联 VLAN
[AC1-wlan-vap-prof-VAP1]ssid-profile Jan16       //配置 VAP 关联 SSID 文件
[AC1-wlan-vap-prof-VAP1]quit                     //退出
```

3. AP 组配置

创建 AP 组，并将 VAP 文件绑定到对应的 WLAN 中。

```
[AC1-wlan-view]ap-group name BGL                 //创建 AP 组 BGL
[AC1-wlan-ap-group-BGL]vap-profile vap           //绑定 VAP 到 WLAN 1 的
wlan 1 radio 0                                   2.4GHz 射频卡 0
[AC1-wlan-ap-group-BGL]vap-profile vap           //绑定 VAP 到 WLAN 1 的
wlan 1 radio 1                                   5GHz 射频卡 1
[AC1-wlan-ap-group-BGL]quit                      //退出
```

4. AP 配置

配置 AP 名称，并将 AP 加入 AP 组。

```
[AC1-wlan-view]ap-id 1 ap-mac c4b8-b469-3a40 //绑定 AP1 的 MAC 地址
[AC1-wlan-ap-1]ap-name BGL-AP4050DN-1        //修改 AP 名称
[AC1-wlan-ap-1]ap-group BGL                   //将 AP1 加入 AP 组 BGL
[AC1-wlan-ap-1]quit                           //退出
[AC1-wlan-view]ap-id 2 ap-mac c4b8-b469-33e0 //绑定 AP2 的 MAC 地址
[AC1-wlan-ap-2]ap-name BGL-AP4050DN-2        //修改 AP 名称
[AC1-wlan-ap-2]ap-group BGL                   //将 AP1 加入 AP 组 BGL
[AC1-wlan-ap-2]quit                           //退出
```

任务验证

（1）在 AC1 上使用“display vap-profile all”命令查看 VAP 文件信息，如下所示。

```
[AC1]display vap-profile all
FMode  : Forward mode
STA U/D : Rate limit client up/down
VAP U/D : Rate limit VAP up/down
BR2G/5G : Beacon 2.4G/5G rate
---------------------------------------------------------------------
Name FMode  VLAN  AuthType STA U/D(Kbps)  VAP U/D(Kbps)  BR2G/5G(Mbps)  Reference SSID
```

```
--------------------------------------------------------------------
Default  direct   VLAN 1  Open  -/-  -/-   1/6    0     HUAWEI-WLAN
vap      direct   VLAN 10 Open  -/-  -/-   1/6    2     Jan16
--------------------------------------------------------------------
Total: 2
```

可以看到已经创建了"Jan16"SSID。

（2）在 AC1 上使用"display ap all"命令查看已注册的 AP 信息，如下所示。

```
[AC1]display ap all
Info: This operation may take a few seconds. Please wait for a moment.done.
Total AP information:
nor  : normal          [2]
--------------------------------------------------------------------
ID  MAC            Name           Group IP        Type    State STA Uptime
--------------------------------------------------------------------
1   c4b8-b469-3a40 BGL-AP4050DN-1 BGL  192.168.99.253 AP4050DN  nor  0 44S
2   c4b8-b469-33e0 BGL-AP4050DN-2 BGL  192.168.99.252 AP4050DN  nor  0 45S
--------------------------------------------------------------------
Total: 2
```

可以看到 2 台 AP 的状态为"nor"，表示 AP 已经正常工作。

（3）在 AC1 上使用"display ap config-info ap-name BGL-AP4050DN-1"命令查看 BGL-AP4050DN-1 的配置信息，如下所示。

```
[AC1]display ap config-info ap-name BGL-AP4050DN-1
--------------------------------------------------------------------
AP MAC                        : c4b8-b469-3a40
AP SN                         : 21500831023GJ8032190
AP type                       : AP4050DN
AP name                       : BGL-AP4050DN-1
AP group                      : BGL
Country code                  : CN
                              ...
```

可以看到 AP 组为"BGL"，表示 AP 已经加入 AP 组 BGL。

（4）在 AC1 上使用"display ap config-info ap-name BGL-AP4050DN-2"命令查看 BGL-AP4050DN-2 的配置信息，如下所示。

```
[AC1]display ap config-info ap-name BGL-AP4050DN-2
-----------------------------------------------------------------------------
AP MAC                              : c4b8-b469-33e0
AP SN                               : 21500831023GJ8032165
AP type                             : AP4050DN
AP name                             : BGL-AP4050DN-2
AP group                            : BGL
Country code                        : CN
                                                                          ...
```

可以看到 AP 组为"BGL"，表示 AP 已经加入 AP 组 BGL。

任务 14-5　高可用备用 AC 的配置

高可用备用 AC 的
配置

任务描述

高可用备用 AC 的配置包括远程管理配置、VLAN 和 IP 地址配置、端口配置、路由配置、SSID 配置、VAP 配置、AP 组配置、AP 配置。

任务操作

1. 远程管理配置

配置远程登录和管理密码。

```
<AC6005>system-view                            //进入系统视图
[AC6005]sysname AC2                            //配置设备名称
[AC2]user-interface vty 0 4                    //进入虚拟链路
[AC2-ui-vty0-4]protocol inbound telnet         //配置协议为 telnet
[AC2-ui-vty0-4]authentication-mode aaa         //配置认证模式为 AAA
[AC2-ui-vty0-4]quit                            //退出
[AC2]aaa                                       //进入 AAA 视图
[AC2-aaa]local-user admin password             //创建 admin 用户并配置密码为
irreversible-cipher Huawei@123                 Huawei@123
[AC2-aaa]local-user admin service-type telnet  //配置用户类型为 telnet 用户
[AC2-aaa]local-user admin privilege level 15   //配置用户等级为 15
[AC2-aaa]quit                                  //退出
```

2. VLAN 和 IP 地址配置

创建 VLAN，配置设备的 IP 地址。

```
[AC2]vlan 10                              //创建 VLAN 10
[AC2-vlan10]name User-Wifi                //VLAN 命名为 User-Wifi
[AC2-vlan10]quit                          //退出
[AC2]vlan 99                              //创建 VLAN 99
[AC2-vlan99]name AP-Guanli                //VLAN 命名为 AP-Guanli
[AC2-vlan99]quit                          //退出
[AC2]vlan 4000                            //创建 VLAN 4000
[AC2-vlan4000]name Link--AC-vlan4000--    //VLAN 命名为 Link--AC-vlan4000--
[AC2-vlan4000]quit                        //退出
[AC1]interface vlanif 99                  //进入 VLANIF 99 接口
[AC2-Vlanif99]ip address 192.168.99.2 24  //配置 IP 地址
[AC2-Vlanif99]quit                        //退出
[AC2]interface vlanif 4000                //进入 VLANIF 4000 接口
[AC2 -Vlanif4000]ip address 192.168.1.2 24//配置 IP 地址
[AC2 -Vlanif4000]quit                     //退出
[AC2]capwap source interface vlanif 99    //指定 CAPWAP 隧道源接口
```

3. 端口配置

配置连接核心交换机的端口为 Trunk 模式，并配置端口放行 VLAN 列表，允许交换机和 AP 的 VLAN 通过。

```
[AC2]interface GigabitEthernet 0/0/1      //进入 G0/0/1 端口视图
[AC2-GigabitEthernet0/0/1]port link-type trunk//配置端口类型链路模式为 trunk
[AC2-GigabitEthernet0/0/1]port trunk allow- //配置端口放行 VLAN 列表
pass vlan 99 4000
[AC2-GigabitEthernet0/0/1]quit            //退出
```

4. 路由配置

配置默认路由，下一跳指向核心交换机 L3SW（192.168.1.11）。

```
[AC2]ip route-static 0.0.0.0 0 192.168.1.11   //配置默认路由指向 L3SW
```

5. SSID 配置

创建 SSID 文件，配置 SSID 名称。

```
 [AC2]wlan                                //进入 WLAN 视图
[AC2-wlan-view]ssid-profile name Jan16    //创建 SSID 配置文件
[AC2-wlan-ssid-prof-guest]ssid Jan16      //定义 SSID
```

```
[AC2-wlan-ssid-prof-guest]quit                              //退出
```

6. VAP 配置

创建 VAP 文件，关联对应的 VLAN 和 SSID 文件。

```
[AC2-wlan-view]vap-profile name vap                         //创建 VAP 配置文件

[AC2-wlan-vap-prof-VAP1]service-vlan vlan-id 10  //配置 VAP 关联 VLAN

[AC2-wlan-vap-prof-VAP1]ssid-profile Jan16        //配置 VAP 关联 SSID 文件

[AC2-wlan-vap-prof-VAP1]quit                               //退出
```

7. AP 组配置

创建 AP 组，并将 VAP 文件绑定到对应的 WLAN 中。

```
[AC2-wlan-view]ap-group name BGL                          //创建 AP 组 BGL

[AC2-wlan-ap-group-BGL]vap-profile vap                    //绑定 VAP 到 WLAN 1 的
wlan 1 radio 0                                             2.4GHz 射频卡 0

[AC2-wlan-ap-group-BGL]vap-profile vap                    //绑定 VAP 到 WLAN 1 的 5GHz
wlan 1 radio 1                                             射频卡 0

[AC2-wlan-ap-group-BGL]quit                               //退出
```

8. AP 配置

配置 AP 名称，并将 AP 加入 AP 组。

```
[AC2-wlan-view]ap-id 1 ap-mac c4b8-b469-3a40  //绑定 AP1 的 MAC 地址

[AC2-wlan-ap-1]ap-name BGL-AP4050DN-1          //修改 AP 名称

[AC2-wlan-ap-1]ap-group BGL                      //将 AP1 加入 AP 组 BGL

[AC2-wlan-ap-1]quit                              //退出

[AC2-wlan-view]ap-id 2 ap-mac c4b8-b469-33e0  //绑定 AP2 的 MAC 地址

[AC2-wlan-ap-2]ap-name BGL-AP4050DN-2          //修改 AP 名称

[AC2-wlan-ap-2]ap-group BGL                      //将 AP2 加入 AP 组 BGL

[AC2-wlan-ap-2]quit                              //退出
```

任务验证

（1）在 AC2 上使用"display vap-profile all"命令查看 VAP 文件信息，如下所示。

```
[AC2]display vap-profile all

FMode   : Forward mode

STA U/D : Rate limit client up/down

VAP U/D : Rate limit VAP up/down

BR2G/5G : Beacon 2.4G/5G rate
```

```
    --------------------------------------------------------------------
    Name        FMode      VLAN       AuthType   STA U/D(Kbps)   VAP U/D(Kbps)
    BR2G/5G(Mbps)  Reference  SSID
    --------------------------------------------------------------------
    default direct   VLAN 1   Open      -/-       -/-      1/6    0    HUAWEI-WLAN
    vap       direct   VLAN 10  Open      -/-       -/-      1/6    2    Jan16
    --------------------------------------------------------------------
    Total: 2
```

可以看到已经创建了"Jan16"SSID。

（2）在 AC2 上使用"display ap config-info ap-name BGL-AP4050DN-1"命令查看 BGL-AP4050DN-1 的配置信息，如下所示。

```
    [AC2] display ap config-info ap-name BGL-AP4050DN-1
    --------------------------------------------------------------------
    AP MAC                          : c4b8-b469-3a40
    AP SN                           : 21500831023GJ8032190
    AP type                         : AP4050DN
    AP name                         : BGL-AP4050DN-1
    AP group                        : BGL
    Country code                    : CN
                                    ...
```

可以看到 AP 组为"BGL"，表示 AP 已经加入 AP 组 BGL。

（3）在 AC2 上使用"display ap config-info ap-name BGL-AP4050DN-2"命令查看 BGL-AP4050DN-2 的配置信息，如下所示。

```
    [AC2] display ap config-info ap-name BGL-AP4050DN-2
    --------------------------------------------------------------------
    AP MAC                          : c4b8-b469-33e0
    AP SN                           : 21500831023GJ8032165
    AP type                         : AP4050DN
    AP name                         : BGL-AP4050DN-2
    AP group                        : BGL
    Country code                    : CN
                                    ...
```

可以看到 AP 组为"BGL"，表示 AP 已经加入 AP 组 BGL。

高可用 AC 热备的
配置

任务 14-6　高可用 AC 热备的配置

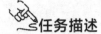

任务描述

高可用 AC 热备的配置包括双链路备份配置、双机热备功能配置。

任务操作

1．双链路备份配置

（1）AC1 双链路备份配置。

`[AC1-wlan-view]ac protect enable`	//开启备份功能
`[AC1-wlan-view] ac protect protect-ac` `192.168.99.2 priority 0`	//配置备份 AC2 的 IP 地址、AC1 的优先级

（2）AC2 双链路备份配置。

`[AC2-wlan-view]ac protect enable`	//开启备份功能
`[AC2-wlan-view] ac protect protect-ac` `192.168.99.1 priority 1`	//配置备份 AC1 的 IP 地址、AC2 的优先级

（3）在 AC1 上重启 AP，下发双链路备份配置信息至 AP。

`[AC1-wlan-view]ap-reset all`	//重启 AP
`[AC1-wlan-view]quit`	//退出

2．双机热备功能配置

（1）AC1 配置双机热备功能。

`[AC1] hsb-service 0`	//创建 HSB 主备服务 0

`[AC1-hsb-service-0] service-ip-port local-ip`
`192.168.1.1 peer-ip 192.168.1.2 local-data-port`
`10241 peer-data-port 10241`
	//配置主备通道 IP 地址和端口号

`[AC1-hsb-service-0]quit`	//退出
`[AC1] hsb-service-type ap hsb-service 0`	//将 WLAN 业务绑定 AC1 的 HSB 主备服务
`[AC1] hsb-service-type access-user hsb-service` `0`	//将 NAC 业务绑定 AC1 的 HSB 主备服务

（2）AC2 配置双机热备功能。

`[AC2] hsb-service 0`	//创建 HSB 主备服务 0
`[AC2-hsb-service-0]service-ip-port local-ip`	//配置主备通道 IP 地址和端口号

```
192.168.1.2 peer-ip 192.168.1.1 local-data-port

10241 peer-data-port 10241

[AC2-hsb-service-0]quit                        //退出

[AC2] hsb-service-type ap hsb-service 0        //将 WLAN 业务绑定 AC2 的 HSB
                                               主备服务

[AC2] hsb-service-type access-user hsb-service //将 NAC 业务绑定 AC2 的 HSB
0                                              主备服务
```

任务验证

（1）在 AC2 上使用"display ap all"命令查看 AP 的状态信息，如下所示。

```
[AC2]display ap all
Info: This operation may take a few seconds. Please wait for a moment.done.
Total AP information:
stdby: standby      [2]
--------------------------------------------------------------------------
ID   MAC             Name          Group IP          Type  State STA Uptime
--------------------------------------------------------------------------
1    c4b8-b469-3a40 BGL-AP4050DN-1 BGL  192.168.99.253 AP4050DN  stdby 0  -
2    c4b8-b469-33e0 BGL-AP4050DN-2 BGL  192.168.99.252 AP4050DN  stdby 0  -
--------------------------------------------------------------------------
Total: 2
```

可以看到两个 AP 的状态为"stdby"（待机）。

（2）在 AC1 和 AC2 上使用"display ac protect"命令查看双链路备份的配置信息，如下所示。

```
[AC1]display ac protect
-----------------------------------------------------------
Protect state            : enable
Protect AC               : 192.168.1.2
Priority                 : 0
Protect restore          : enable
Coldbackup kickoff station : disable
Alarm restrain           : disable
-----------------------------------------------------------
[AC2]display ac protect
```

```
-------------------------------------------------------------
Protect state              : enable

Protect AC                 : 192.168.1.1

Priority                   : 1

Protect restore            : enable

Coldbackup kickoff station : disable

Alarm restrain             : disable
-------------------------------------------------------------
```

可以查看双链路备份的配置信息。

（3）在 AC1 和 AC2 上使用"display hsb-service 0"命令查看主备服务的建立情况，如下所示。

```
[AC1] display hsb-service 0
Hot Standby Service Information:
-------------------------------------------------------------
  Local IP Address         : 192.168.1.1

  Peer IP Address          : 192.168.1.2

  Source Port              : 10241

  Destination Port         : 10241

  Keep Alive Times         : 5

  Keep Alive Interval      : 3

  Service State            : Connected

  Service Batch Modules    : AP

                    Access-user

  Shared-key               : -
-------------------------------------------------------------
[AC2] display hsb-service 0
Hot Standby Service Information:
-------------------------------------------------------------
  Local IP Address         : 192.168.1.2

  Peer IP Address          : 192.168.1.1

  Source Port              : 10241

  Destination Port         : 10241

  Keep Alive Times         : 5

  Keep Alive Interval      : 3
```

```
Service State            : Connected
Service Batch Modules    : AP
                           Access-user
Shared-key               : -
-------------------------------------------------------------------
```

可以看到"Service State"字段为"Connected",说明主备服务通道已经成功建立。

任务 14-7　高可用 AP 负载均衡功能的配置

高可用 AP 负载
均衡功能的配置

任务描述

在两台 AC 上完成高可用 AP 负载均衡功能的配置。

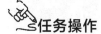任务操作

1. AC1 静态负载均衡功能配置

在 AC1 上配置 AP 静态负载均衡功能。

[AC1]wlan	//进入 WLAN 视图
[AC1-wlan-view] sta-load-balance static-group name test	//创建静态负载均衡组
[AC1-wlan-sta-lb-static-wlan-static] member ap-name BGL-AP4050DN-1	//将 BGL-AP4050DN-1 加入静态负载均衡组
[AC1-wlan-sta-lb-static-wlan-static] member ap-name BGL-AP4050DN-2	//将 BGL-AP4050DN-2 加入静态负载均衡组
[AC1-wlan-sta-lb-static-wlan-static] mode sta-number	//配置基于用户数的静态负载均衡模式
[AC1-wlan-sta-lb-static-wlan-static] sta-number start-threshold 10	//退出指定基于用户数的静态负载均衡起始阈值为 10 个
[AC-wlan-sta-lb-static-wlan-static] sta-number gap-threshold 5	//负载均衡差值阈值为 5%
[AC1-wlan-sta-lb-static-wlan-static] quit	//退出

2. AC2 静态负载均衡功能配置

在 AC2 上配置 AP 静态负载均衡功能。

[AC21]wlan	//进入 WLAN 视图

```
[AC21-wlan-view] sta-load-balance static-group        //创建静态负载均衡组
name test
[AC12-wlan-sta-lb-static-wlan-static] member ap-      //将 BGL-AP4050DN-1 加入静态
name BGL-AP4050DN-1                                   负载均衡组
[AC21-wlan-sta-lb-static-wlan-static] member ap-      //将 BGL-AP4050DN-2 加入静态
name BGL-AP4050DN-2                                   负载均衡组
[AC21-wlan-sta-lb-static-wlan-static] mode sta-       //配置基于用户数的静态负载
number                                                均衡模式
[AC21-wlan-sta-lb-static-wlan-static] sta-number      //退出指定基于用户数的静态
start-threshold 10                                    负载均衡起始阈值为 10 个
[AC2-wlan-sta-lb-static-wlan-static] sta-number
gap-threshold 5                                       //负载均衡差值阈值为 5%
[AC12-wlan-sta-lb-static-wlan-static] quit            //退出
```

任务验证

在 AC1 上使用"display sta-load-balance static-group name test"命令确认负载
均衡组状态，如下所示。

```
[AC1]display sta-load-balance static-group name test
--------------------------------------------------------------------
Group name                               : test
Load-balance status                      : balance
Load-balance mode                        : sta-number
Deny threshold                           : 3
Sta-number start threshold               : 10
Sta-number gap threshold(%)              : 5
Channel-utilization start threshold(%): 50
Channel-utilization gap threshold(%): 20
--------------------------------------------------------------------
RfID: Radio ID
CurEIRP: Current EIRP (dBm)
Act CH: Actual channel, Cfg CH: Config channel, CU: Channel utilization
--------------------------------------------------------------------
AP ID AP Name              RfID   Act CH/Cfg CH   CurEIRP/MaxEIRP Client CU
```

```
------------------------------------------------------------------------
1        BGL-AP4050DN-1  0      1/-          28/28          0       9%
1        BGL-AP4050DN-1  1      149/-        28/28          0       10%
2        BGL-AP4050DN-2  0      1/-          28/28          0       11%
2        BGL-AP4050DN-2  1      149/-        28/28          0       13%
------------------------------------------------------------------------
Total: 4
```

可以看到负载均衡已经启用，且负载均衡模式为"sta-number"（基于用户数的静态负载均衡模式）。

项目验证

项目验证

使用 5 台 PC 搜索 SSID 并进行关联，关联后在 AC1 上使用"display access-user"命令查看无线用户信息，如下所示。

```
[AC1]display access-user
------------------------------------------------------------------------
UserID Username           IP address        MAC          Status
------------------------------------------------------------------------
25     5c514f9ed16c       10.23.101.252     5c51-4f9e-d16c Open
27     4c49e359ced2       10.23.101.250     4c49-e359-ced2 Open
28     2816ad460a5f       10.23.101.253     2816-ad46-0a5f Open
------------------------------------------------------------------------
Total: 3, printed: 3
```

可以看到 5 台 PC 中，只有 3 台 PC 关联到了 AC1 上（其他的 2 台 PC 关联到了 AC2 上）。

项目拓展

（1）配置 AC 热备时需要保证两台 AC 之间（   ）的配置完全一致。

  A. ssid-profile   B. vap-profile

  C. AP   D. AP 组

（2）关于 AC 热备配置要点，下面说法正确的是（   ）。

项目实训题 14

  A. 开启备份功能

B．配置备份地址和优先级

C．配置主备通道 IP 地址和端口号

D．将 WLAN 业务/NAC 业务绑定到 HSB 主备服务

（3）AC 开启热备功能需要使用（　　）端口。

A．TCP 6425　　　　　　　　　　B．TCP 6435

C．UDP 7425　　　　　　　　　　D．UDP 7435

项目15
无线网络的优化测试

15

项目描述

　　Jan16 公司的无线网络投入使用一段时间后，工程师小蔡接到了网络优化的任务。公司员工反馈近期出现了比较多的问题，包括无线上网频繁掉线、访问速度慢、信号干扰严重等，极大影响了无线网络用户的上网体验。公司希望能够对全网做一次网络优化。

　　根据需求进行全网网络优化以提升无线网络体验。无线网络优化需考虑以下关键因素。

　　（1）调整信道，防止同频干扰。

　　（2）调整功率，减少覆盖重叠区域。

　　（3）限制低速率、低功率终端接入，防止个别低速率、低功率终端影响全网用户体验。

　　（4）对用户限速，防止部分用户或应用程序使用大流量下载造成资源分配不均。

　　（5）配置无线频谱导航，终端接入无线网络时优先连接到 5GHz 频段。

　　（6）限制 AP 单机接入数，防止单 AP 关联过多用户。

项目相关知识

　　无线网络优化主要是通过调整各种相关的无线网络工程设计参数和无线资源参数，满足系统现阶段对各种无线网络指标的要求。优化调整过程往往是一个周期性的过程，因为系统对无线网络的要求总在不断变化。

15.1　同频干扰

　　WLAN 采用带冲突避免的载波感应多路访问（Carrier Sense Multiple Access with Collision Avoidance，CSMA/CA）的工作方式，并且以半双工的方式进行通信，同一时间同一个区域内只能有一个设备发送数据报。AP 之间的同频干扰会导致双方都进行退避，各损失一部分最大流量，但总流量基本不变。可以这样认为，同一个区域里的总流量为 1，那么 1

台 AP 满负荷发送数据报可以达到 1 的流量，2～8 台 AP 满负荷发送数据报同样可以达到接近 1 的流量。理论上讲，2.4GHz 频段有 1、6、11 这 3 个互不干扰的信道，在部署多台 AP 时，可以将相邻的两台 AP 调整为不同的信道，这样可以在很大程度上避免同频干扰。

15.2　低速率和低功率

低速率是指终端本身的无线传输速率较差，而低功率是指终端本身的传输速率较快，但因为终端距离 AP 较远，导致无线传输的功率较低。

在 CSMA/CA 的工作方式下，一台 AP 只能与一个终端进行数据传输，当 AP 与低功率或者低速率的用户传输数据时，只有等数据传输完成后才会开始下一段传输。因此，在一个无线网络中，低速率终端和低功率终端会影响整个网络的传输。

基础速率集（Basic-Rate）是指 STA 成功关联 AP 时，AP 和 STA 都必须支持的速率集。只有 AP 和 STA 都支持基础速率集中的所有传输速率，STA 才能成功关联 AP。例如配置基础速率集为 6Mbit/s 和 9Mbit/s，配置下发到 AP 后，只有能同时支持 6Mbit/s 和 9Mbit/s 传输速率的 STA 才能成功关联此 AP。

支持速率集（Supported-Rate）是在基础速率集的基础上 AP 所能支持的更多的速率的集合，目的是让 AP 和 STA 之间能够支持更多的数据传输速率。AP 和 STA 之间的实际数据传输速率是在支持速率集和基础速率集中选取的。

STA 不支持支持速率集，只支持基础速率集，也能够成功关联 AP，但此时 AP 和 STA 之间的实际数据传输速率只会从基础速率集中选取。例如配置基础速率集为 6Mbit/s 和 9Mbit/s，支持速率集为 48Mbit/s 和 54Mbit/s。配置下发到 AP 后，同时支持 6Mbit/s 和 9Mbit/s 传输速率的 STA 能够成功关联此 AP，AP 和 STA 之间的实际数据传输速率从 6Mbit/s 和 9Mbit/s 中选取；如果 STA 支持 6Mbit/s、9Mbit/s 和 54Mbit/s 传输速率，成功关联此 AP 后，AP 和 STA 之间的实际数据传输速率从 6Mbit/s、9Mbit/s 和 54Mbit/s 中选取。

15.3　频谱导航

现在的应用中，大多数终端同时支持 2.4GHz 和 5GHz 频段。某些终端通过 AP 接入网络时默认选择 2.4GHz 频段接入。这就导致信道的本身就少的 2.4GHz 频段显得更加拥挤、负载高、干扰大；而信道多、干扰小的 5GHz 频段的优势得不到发挥。特别是在高用户密度或者 2.4GHz 频段同频干扰较为严重的环境中，5GHz 频段可以提供更好的接入能力，减少干扰对用户上网的影响。如果用户想要接入 5GHz 频段，则需要在终端上手动选择。

通过频谱导航功能，AP 可以控制终端优先接入 5GHz 频段，减少 2.4GHz 频段上的负载和干扰，提升用户体验。

15.4 单机接入数

当单机接入数过多时，假如 1 台 AP 传输速率只有 100Mbit/s 时，有 50 名用户接入，则每名用户平均只剩下 2Mbit/s 的传输速率。再加上 CSMA/CA 工作方式是先检测，有冲突则回避，过多的用户接入可能造成过多回避，导致带宽浪费。

 项目规划设计

项目拓扑

本项目主要基于项目 13 进行网络优化，其网络拓扑如图 15-1 所示。

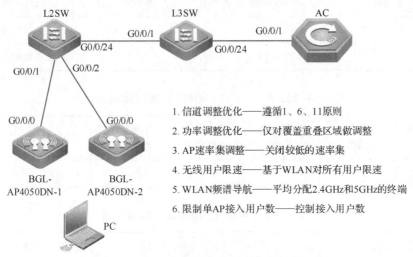

图 15-1 无线网络的优化测试项目的网络拓扑

项目规划

根据图 15-1 所示的网络拓扑和项目描述进行项目的业务规划，项目 15 的 VAP 规划、AP 组规划、AP 规划、射频规划、RRM 模板（Radio Resource Management，无线资源管理）配置规划、流量模板配置规划见表 15-1～表 15-6。

表 15-1 项目 15 VAP 规划

VAP	VLAN	SSID	加密方式	是否广播	流量模板
vap	10	Jan16	否	是	Jan16-traffic

表 15-2　项目 15 AP 组规划

AP-GROUP	VAP	WLAN ID	RADIO-ID	流量模板	射频模板
BGL	vap	1	0	Jan16-traffic	jan16-2g
BGL	vap	1	1	Jan16-traffic	jan16-5g

表 15-3　项目 15 AP 规划

AP 名称	MAC 地址	AP 组	2.4GHz 信道	5GHz 信道	功率
BGL-AP4050DN-1	c4b8-b469-3a40	BGL	1	149	20dBm
BGL-AP4050DN-2	c4b8-b469-33e0	BGL	6	153	20dBm

表 15-4　项目 15 射频规划

射频模板名称	协议标准	速率集	引用 RRM 模板
jan16-2g	802.11b\g	6、9、11	Jan16-rrm
jan16-5g	802.11a	12、18	Jan16-rrm

表 15-5　项目 15 RRM 模板配置规划

RRM 模板名称	信道自动调优	功率自动调优	频谱导航起始门限	频谱导航差值门限	CAC 功能	新增用户数阈值
Jan16rrm	关闭	关闭	15	25%	开启	2

表 15-6　项目 15 流量模板配置规划

流量模板名称	下行速率限制（kbit/s）	上行速率限制（kbit/s）
Jan16-traffic	200	200

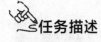 项目实践

任务 15-1　AP 信道的调整优化

AP 信道的调整优化

任务描述

　　AP 信道的调整优化包括关闭信道自动调优功能、手动配置 AP 信道。

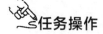 任务操作

1. 关闭信道自动调优功能

创建 RRM 模板，关闭信道自动调优功能，并将 RRM 模板应用到 AP 组中。

[AC]wlan	//进入 WLAN 视图
[AC-wlan-view] rrm-profile name Jan16-rrm	//创建 RRM 模板
[AC-wlan-rrm-prof-Jan16-rrm]calibrate auto-channel-select disable	//关闭信道自动调优功能
[AC-wlan-rrm-prof-Jan16-rrm]quit	//退出
[AC-wlan-view]radio-2g-profile name Jan16-2g	//进入 2.4GHz 射频模板
[AC-wlan-radio-2g-prof-wlan-radio2g]rrm-profile Jan16-rrm	//引用 RRM 模板
[AC-wlan-radio-2g-prof-wlan-radio2g]quit	//退出
[AC-wlan-view]radio-5g-profile name Jan16-5g	//进入 5GHz 射频模板
[AC-wlan-radio-5g-prof-wlan-radio5g]rrm-profile Jan16-rrm	//引用 RRM 模板
[AC-wlan-radio-5g-prof-wlan-radio5g]quit	//退出
[AC-wlan-view]ap-group name BGL	//进入 AP 组
[AC-wlan-ap-group-BGL] radio-2g-profile Jan16-2g radio 0	//引用 2.4GHz 射频模板
[AC-wlan-ap-group-BGL] radio-2g-profile Jan16-5g radio 1	//引用 5GHz 射频模板
[AC-wlan-ap-group-BGL]quit	//退出

2. 手动配置 AP 信道

为 2 台 AP 配置射频卡的信道。

[AC-wlan-view]ap-id 1	//选择 AP1
[AC-wlan-ap-1]radio 0	//进入射频卡 0
[AC-wlan-radio-1/0]channel 20mhz 1	//配置射频卡 0 的工作带宽为 20MHz，工作信道为 1
[AC-wlan-radio-1/0]quit	//退出
[AC-wlan-ap-1]radio 1	//进入射频卡 1
[AC-wlan-radio-1/1]channel 20mhz 149	//配置射频卡 1 的工作带宽为 20MHz，工作信道为 149
[AC-wlan-radio-1/1]quit	//退出

```
[AC-wlan-view]ap-id 2                    //选择 AP2
[AC-wlan-ap-2]radio 0                    //进入射频卡 0
[AC-wlan-radio-2/0]channel 20mhz 6       //配置射频 0 的工作带宽为
                                         20MHz，工作信道为 6
[AC-wlan-radio-2/0]quit                  //退出
[AC-wlan-ap-2]radio 1                    //进入射频卡 1
[AC-wlan-radio-2/1]channel 20mhz 153     //配置射频卡 1 的工作带宽为
                                         20MHz，工作信道为 153
[AC-wlan-radio-2/1]quit                  //退出
```

任务验证

在 AC 上使用"display radio all"命令查看信道情况，如下所示。

```
[AC]display radio all
CH/BW:Channel/Bandwidth
CE:Current EIRP (dBm)
ME:Max EIRP (dBm)
CU:Channel utilization
ST:Status
-------------------------------------------------------------------
AP ID Name          RfID  Band  Type    ST   CH/BW     CE/ME   STA   CU
-------------------------------------------------------------------
1     BGL-AP4050DN-1  0    2.4G  bgn     on   1/20M     9/28    0     6%
1     BGL-AP4050DN-1  1    5G    an11ac  on   149/20M   10/28   0     7%
2     BGL-AP4050DN-2  0    2.4G  bgn     on   6/20M     9/28    0     8%
2     BGL-AP4050DN-2  1    5G    an11ac  on   153/20M   10/28   0     5%
-------------------------------------------------------------------
Total:4
```

可以看到 AP 的信道已手动调整为 1、149、6、153。

任务 15-2　AP 功率的调整优化

AP 功率的调整
优化

任务描述

AP 功率的调整优化包括关闭功率自动调优功能、手动配置 AP 功率。

任务操作

1. 关闭功率自动调优功能

进入 AP 已关联的 RRM 模板，关闭功率自动调优功能。

```
[AC]wlan                                      //进入 WLAN 视图
[AC-wlan-view]rrm-profile name Jan16-rrm      //进入 RRM 模板
[AC-wlan-rrm-prof-Jan16-rrm] calibrate auto-  //关闭功率自动调优功能
txpower-select disable
[AC-wlan-rrm-prof-Jan16-rrm] quit             //退出
```

2. 手动配置 AP 功率

为 2 台 AP 配置射频卡的功率。

```
[AC-wlan-view]ap-id 1                         //选择 AP1
[AC-wlan-ap-1]radio 0                         //进入射频卡 0
[AC-wlan-radio-1/0]eirp 20                    //配置功率为 20dBm
[AC-wlan-radio-1/0]quit                       //退出
[AC-wlan-ap-1]radio 1                         //进入射频卡 1
[AC-wlan-radio-1/1]eirp 20                    //配置功率为 20dBm
[AC-wlan-radio-1/1]quit                       //退出
[AC-wlan-view]ap-id 2                         //选择 AP2
[AC-wlan-ap-2]radio 0                         //进入射频卡 0
[AC-wlan-radio-2/0] eirp 20                   //配置功率为 20dBm
[AC-wlan-radio-2/0]quit                       //退出
[AC-wlan-ap-2]radio 1                         //进入射频卡 1
[AC-wlan-radio-2/1]eirp 20                    //配置功率为 20dBm
[AC-wlan-radio-2/1]quit                       //退出
```

任务验证

在 AC 上使用"display ap config-info ap-id 1"命令查看 AP 功率情况，如下所示。

```
[AC]display ap config-info ap-id 1
…
Config EIRP            : 20
Actual EIRP            : 9
Maximum EIRP           : 28
…
```

可以看到 AP 的功率已调整为 20dBm。

任务 15-3　AP 速率集的调整

AP 速率集的调整

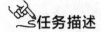任务描述

通过 RRM 模板调整 AP 速率集。

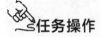任务操作

进入 RRM 模板，对 AP 速率集进行调整。

```
[AC]wlan                                         //进入 WLAN 视图
[AC-wlan-view]radio-2g-profile name Jan16-2g     //创建 2.4GHz 射频模板
[AC-wlan-radio-2g-prof-Jan16-2g]dot11bg          //指定支持的支持速率集为 6、
supported-rate 6 9 11                            9、11
[AC-wlan-radio-2g-prof-Jan16-2g]quit             //退出
[AC-wlan-view]radio-5g-profile name Jan16-5g     //创建 5GHz 射频模板
[AC-wlan-radio-5g-prof-Jan16-5G]dot11a           //指定支持的支持速率集为 12、
supported-rate 12 18                             18
[AC-wlan-radio-5g-prof-Jan16-5G]quit             //退出
```

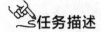任务验证

（1）在 AC 上使用"display radio-2g-profile name Jan16-2g"命令查看 AP 的 2.4GHz 速率集的调整情况，如下所示。

```
[AC]display radio-2g-profile name Jan16-2g
…
802.11bg basic rate                      : 1 2
802.11bg support rate                    : 6 9 11
…
```

可以看到 2.4GHz 速率集已经调整为 6、9、11。

（2）在 AC 上使用"display radio-5g-profile name Jan16-5g"命令查看 AP 的 5GHz 速率集的调整情况，如下所示。

```
[AC]display radio-5g-profile name Jan16-5g
…
802.11a basic rate                       : 6 12 24
```

```
802.11a support rate                        : 12 18
...
```

可以看到 5GHz 速率集已经调整为 12、18。

任务 15-4　基于无线用户限速的配置

基于无线用户限速
的配置

任务描述

基于无线用户限速的配置包括流量模板配置、VAP 引用流量模板。

任务操作

1. 流量模板配置

创建流量模板对终端传输速率进行限制。

```
[AC]wlan                                           //进入 WLAN 视图
[AC-wlan-view]traffic-profile name Jan16-traffic //创建流量模板
[AC-wlan-traffic-prof-wlan-traffic]rate-limit //配置每个终端的下行速率
client down 200                              限制为 200kbit/s
[AC-wlan-traffic-prof-wlan-traffic]rate-limit //配置每个终端的上行速率
client up 200                                限制为 200kbit/s
[AC-wlan-traffic-prof-wlan-traffic]quit          //退出
```

2. VAP 引用流量模板

进入 VAP 模板，引用刚刚创建的流量模板。

```
[AC-wlan-view]vap-profile name vap                 //进入 VAP 模板
[AC-wlan-vap-prof-vap]traffic-profile Jan16-      //引用流量模板
traffic
[AC-wlan-vap-prof-vap]quit                         //退出
```

任务验证

在 AC 上使用 "display traffic-profile name Jan16-traffic" 命令查看 AP 限速情况，
如下所示。

```
[AC]display traffic-profile name Jan16-traffic
-----------------------------------------------------
Profile ID                    : 1
Priority map downstream trust : DSCP
```

```
User isolate mode                    : disable
Rate limit client up(Kbps)       : 200
Rate limit client down(Kbps)   : 200
...
```

可以看到，上行速率和下行速率限制均为200kbit/s。

任务15-5   WLAN 频谱导航的配置

WLAN 频谱导航
的配置

任务描述

通过 RRM 模板进行 WLAN 频谱导航的配置。

任务操作

进入 RRM 模板，配置频谱导航的起始门限和差值门限。

```
[AC]wlan                                              //进入 WLAN 视图
[AC-wlan-view]rrm-profile name Jan16-rrm       //进入 RRM 模板
[AC-wlan-rrm-prof-Jan16-rrm]band-steer balance //配置频谱导航的起始门限为 15
start-threshold 15
[AC-wlan-rrm-prof-Jan16-rrm]band-steer balance//配置差值门限为 25%
gap-threshold 25
[AC-wlan-rrm-prof- Jan16-rrm]quit                 //退出
```

任务验证

（1）在 AC 上使用"display vap-profile name vap"命令查看 VAP 模板配置，如下所示。

```
[AC]display vap-profile name vap
...
Band steer                                        : enable
...
```

可以看到 VAP 模板下已经启用频谱导航功能。

（2）在 AC 上使用"display rrm-profile name Jan16-rrm"命令查看 RRM 模板配置，
如下所示。

```
[AC]display rrm-profile name Jan16-rrm
...
Band balance start threshold                       : 15
Band balance gap threshold(%)                      : 25
```

...

可以看到 RRM 模板下已经设置了负载均衡起始门限为 15，差值门限为 25%。

任务 15-6　限制单 AP 接入用户数的配置

限制单 AP 接入
用户数的配置

任务描述

通过 RRM 模板限制单 AP 接入用户数。

任务操作

进入 RRM 模板，对接入用户数进行限制。为了便于展示测试效果，本任务将单 AP 接入用户数阈值设置为 2。

```
[AC]wlan                                       //进入 WLAN 视图
[AC-wlan-view]rrm-profile name Jan16-rrm       //进入 RRM 模板
[AC-wlan-rrm-prof- Jan16-rrm]uac client-       //打开基于用户数的用户 CAC 功能
number enable
[AC-wlan-rrm-prof- Jan16-rrm]uac client-       //配置新增用户数阈值为 2
number threshold access 2                      （仅用于测试）
[AC-wlan-rrm-prof- Jan16-rrm]quit              //退出
```

任务验证

在 AC 上使用"display rrm-profile name Jan16-rrm"命令查看用户 CAC 的配置，如下所示。

```
[AC] display rrm-profile name Jan16-rrm
...
UAC check client number                                      : enable
UAC client number access threshold                           : 2
...
```

可以看到 AC 上启用了基于用户数的用户 CAC 功能，且新增用户数阈值为 2。

🗒 项目验证

项目验证

使用多台设备连接 AP，可以看到接入用户数达到阈值 2 后用户无法接入，如图 15-2 所示。

图 15-2　达到阈值后用户无法接入

📝 项目拓展

项目实训题 15

（1）下列命令中用于关闭信道自动调优功能的是（　　）。

    A．[AC-wlan-rrm-prof-defalut]calibrate disable auto-channel-select

    B．[AC-wlan-rrm-prof-defalut]calibrate channel- auto-select disable

    C．[AC-wlan-rrm-prof-defalut]calibrate auto-channel-select disable

    D．[AC-wlan-rrm-prof-defalut]calibrate disable channel- auto-select

（2）在配置"power local 100 radio 1"时，检测到信号强度为-38dBm，当配置"power local 50 radio 1"时，信号强度应该为（　　）。

    A．-19dBm   B．-35dBm   C．-41dBm   D．-76dBm

（3）AP1 在配置"uac client-number threshold access 10"后，接入用户数最大应为（　　）。

    A．30   B．20   C．10   D．40

（4）下列规避干扰的方法正确的是（　　）。（多选）

    A．AP 的功率调到最大   B．合理的信道规划

    C．合理的站址选择   D．多使用 5GHz 频段

    E．合理的天线技术选择